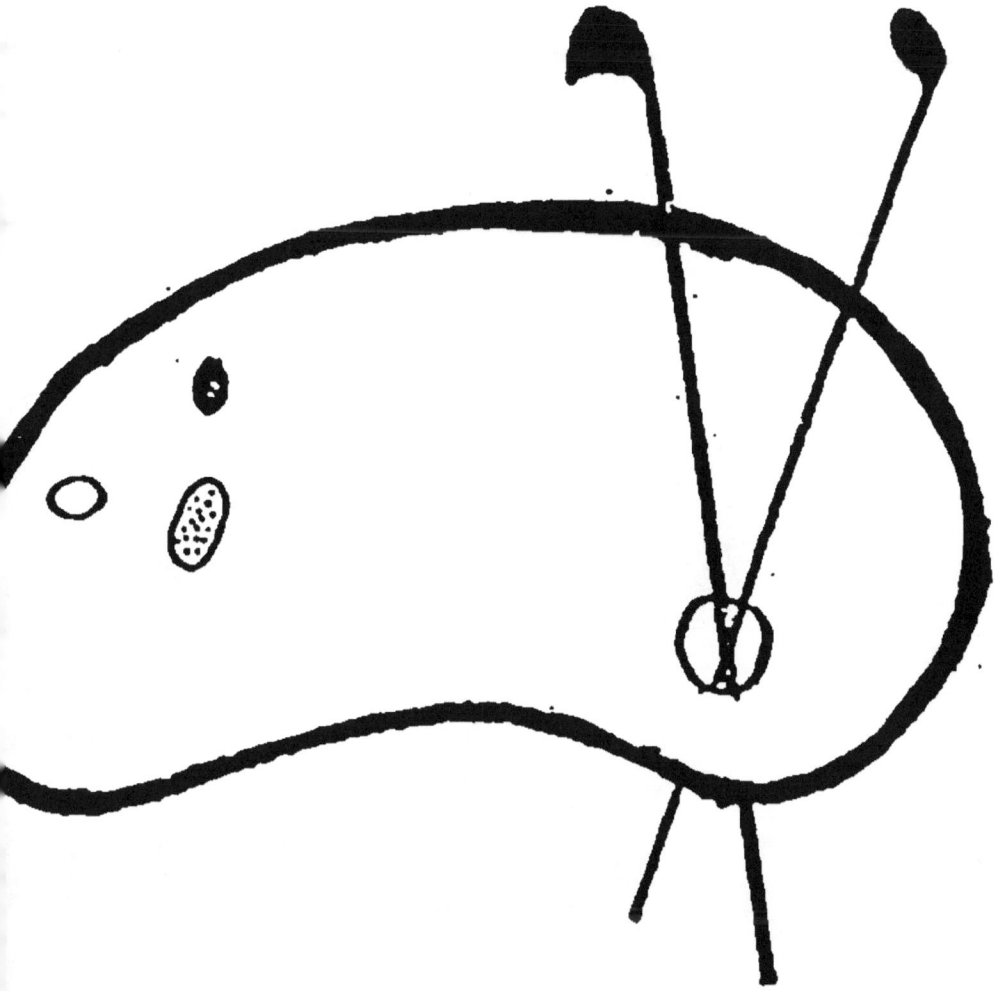

DEBUT D'UNE SERIE DE DOCUMENTS
EN COULEUR

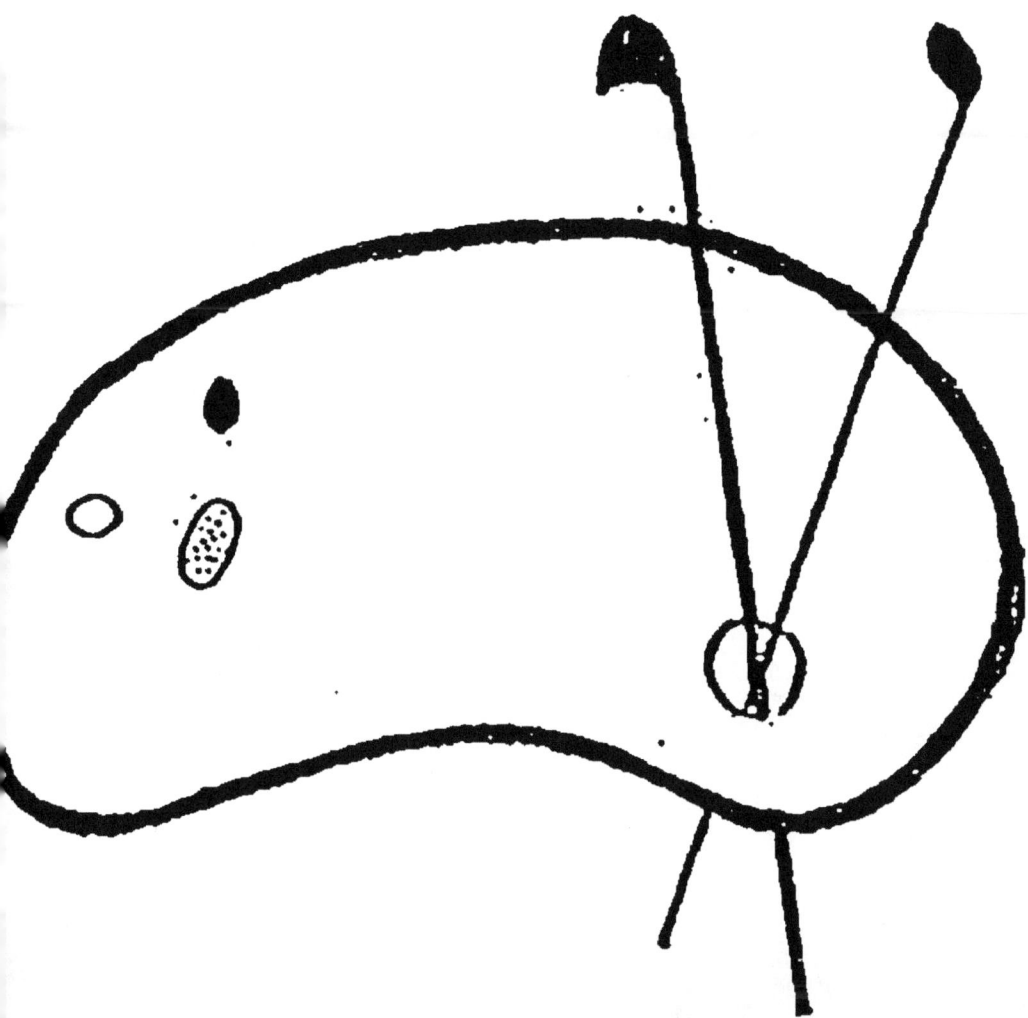

FIN D'UNE SERIE DE DOCUMENTS
EN COULEUR

L'AIMANT ET LA BOUSSOLE

—

3e SÉRIE IN-8o.

Propriété des Éditeurs.

LA SCIENCE POPULAIRE

L'AIMANT

ET

LA BOUSSOLE

PAR S. DUCLAU.

LIMOGES

EUGÈNE ARDANT ET Cie, Éditeurs.

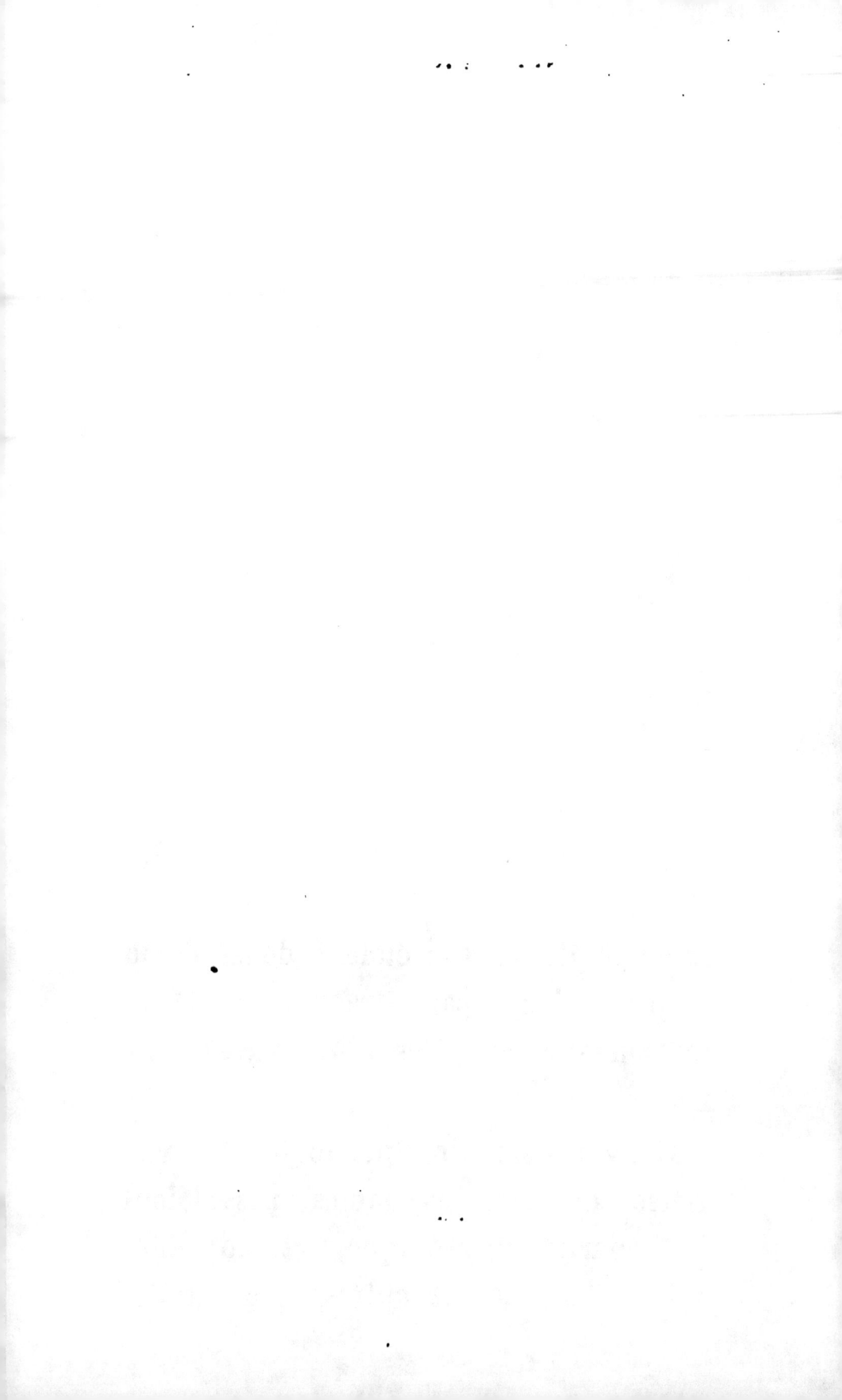

L'AIMANT

ET

LA BOUSSOLE

On a, pendant longtemps, réservé exclusivement le nom d'aimant, aux seuls minerais de fer qui étaient doués de la propriété d'agir par attraction et par répulsion sur les pôles d'un barreau aimanté.

Haüy a démontré que toutes les variétés de fers oxydables possédaient la polarité magnétique, et ne différaient, les unes des autres, que par l'é-

nergie de la manifestation des phénomènes. Depuis cette époque, les
minéralogistes désignent toutes ces variétés par le nom d'aimant ou de fer
magnétique. Cependant, ils appliquent
plus spécialement la dénomination d'aimant naturel ou de pierres d'aimant à
une variété compacte, composée principa-
lement de protoxyde et de peroxyde de fer
et d'une faible proportion de quartz et
d'alumine.

La couleur de ce minerai varie
suivant les faibles différences qui exis-
tent entre la proportion des deux
oxydes, et aussi de la nature des substances étrangères auxquelles le fer se
trouve uni ; mais cette couleur est ordinai-
rement gris foncé, avec un éclat métallique.

On trouve l'aimant naturel en masses
considérables dans les mines de fer de la
Suède et de la Norwège.

On en recueille également de grandes

quantités dans *l'*île d'Elbe, en Andalousie, dans les îles Philippines, et dans différentes localités de l'Arabie, de la Chine et du royaume de Siam.

Si votre main abandonne dans l'espace une pierre qu'elle soutenait ; si, suivant l'expression vulgaire, vous la *posez en l'air*, cette pierre *tombe,* c'est-à-dire se met en mouvement jusqu'à ce qu'elle rencontre un obstacle, suivant une direction constante, qui est celle que rendrait sensible à l'œil le fil au bout duquel vous laisseriez prendre cette pierre. Au lieu d'une pierre, *posons en l'air* du cuivre, du fer, du plomb, du bois : Ils se meuvent et se dirigent dans le même sens que la pierre; peu importe l'obstacle qui les arrête en leur course, sol, plancher, table ou fil suspenseur ; peu importe aussi qu'ils soient en grenaille, en copeaux, en poussière. Abandonnez successsivement en l'air de la limaille de cuivre, des raclures de plomb, de la sciure de bois, au-dessus d'une table sur laquelle

vous avez mis un fragment de minerai de
fer dont nous avons parlé. Le plomb, le
bois, le cuivre se meuvent comme à l'ordinaire et dans le même sens. — Substi-
tuez-y maintenant de la limaille de fer,
le résultat n'est plus le même. La limaille
se meut d'abord, comme les substances
précédentes, dans la direction du fil à
plomb; puis, au voisinage du minerai de
fer, vous la voyez se détourner de sa
route, se porter vers ce minerai, s'y fixer,
s'y coller en quelque sorte, bien que le
minerai soit, comme elle, parfaitement
sec. La limaille que vous continuez de
laisser tomber, non-seulement se détourne,
au voisinage du minerai, de la direction
du fil à plomb et se rapproche du minerai, mais elle se porte vers la limaille qu'il
a précédemment retenue, s'y applique et
s'y arrête comme cette limaille s'est appliquée au minerai lui-même, formant, à
l'entour, une sorte de chevelu laineux.
En enlevant cette pierre brune, vous en-

levez la limaille elle-même; vous avez
beau mettre la limaille en bas et secouer
la pierre, la limaille ne s'en détache pas,
si vous la poussez avec le doigt, elle glisse
à la surface de la pierre, sans tomber.

Approchez ce singulier minerai de
brins de cuivre, de fer, de plomb, épars et
mêlés sur une table. Le cuivre et le
plomb restent indifférents; mais la limaille de fer entre en mouvement comme
celle que vous poseriez en l'air. Cette fois,
ce n'est pas pour descendre, c'est pour
monter, soit verticalement, soit oblique-
ment, suivant la position du minerai que
vous promenez au-dessus. Que la limaille
de fer se fût trouvée à un bout de la table
et le minerai à l'autre, vous n'eussiez pas
soupçonné qu'il pût y avoir entre eux de
liaison. De même si vous pouviez n'avoir
jamais vu de pierre *tomber*, vous n'eussiez
sans doute pas supposé qu'une pierre,
abandonnée en l'air, entrerait en mouvement, et que ce mouvement aurait lieu

dans le sens d'un des rayons de la sphère terrestre.

Cette déviation verticale, que vous venez d'observer de la part de la limaille, au voisinage de notre minerai, vous la pouvez observer de même avec un petit morceau de fer. Voulez-vous la rendre plus sensible. Suspendez le morceau de fer à un fil et laissez-le s'arrêter, de lui-même, dans la ligne du fil à plomb. — Approchez à présent le minerai : Le morceau de fer s'écarte de la ligne de repos pour venir à sa rencontre ; si vous ne retirez celui-ci assez vite, il se jette dessus et s'y fixe ; il faut ensuite un effort pour les séparer. Ce que le fer vient de faire pour le minerai, le minerai le fera pour le fer ; il nous suffit, pour nous en assurer, de le suspendre à son tour et de le laisser s'arrêter, de lui-même. Vous voyez, à l'approche du fer, le minerai se mettre en mouvement pour venir à sa rencontre, et, si vous n'y prenez garde, il s'appliquera et se fixera sur ce métal. L'amitié, dont cette pierre est le symbole, est ici réciproque. Vous pouvez vous assurer, en outre, qu'elle est égale de part et d'autre. Que le fer et le minerai soient mobiles tous les deux, ils feront chacun la moitié du chemin l'un vers l'autre. En français comme en chinois, cette pierre mystérieuse est une *pierre qui aime*; c'est un fer *aimant* (1). « Si cette pierre n'avait pas un amour pour le fer, » écrivait, avec plus de délicatesse d'âme que de sévérité scientifique, un naturaliste chinois du seizième siècle, « elle ne le ferait pas venir à elle. » — « Cette pierre, écrivait un autre naturaliste chinois, contemporain de Charles Martel (2). « Cette pierre fait venir le fer à elle, comme une tendre mère ses enfants; et c'est pour cela qu'elle a reçu le nom de pierre aimante. »

Nous venons de suspendre notre mine-

(1) Le nom de l'aimant, a une origine pareille en sanscrit.

,*\ Huitième siècle.

rai de fer, ou, pour l'appeler par son nom, notre *aimant*. Remarquons que la distance à laquelle il s'écarte de la ligne du fil à plomb, pour se porter vers le fer, varie selon que la quantité de fer présentée est plus ou moins grande.

La suspension de l'aimant, ou celle du fer, nous permet de reproduire, sous une autre forme, l'un des faits que la limaille de fer nous a montrés. Il suffit que le fil suspenseur soit plus court que la distance à laquelle le fer et l'aimant peuvent s'atteindre, contrairement à la pesanteur. Je suppose que c'est le fer qui est suspendu; promenez l'aimant au-dessus : Le fer se porte vers le haut comme la limaille tout-à-l'heure, mais le fil qui le retient s'oppose à ce qu'il atteigne l'aimant; il reste donc en l'air, au bout supérieur du fil qu'il tend. Un *fil à plomb*, à poids de fer, ainsi renversé de bas en haut, est certainement un fait fort remarquable. Comme il vous est, sans doute, plus aisé de vous procurer un morceau de fer volumineux qu'un ai- mant très-puissant, vous pouvez suspen- dre l'aimant lui-même et placer le fer au- dessus.

Au lieu du fil qui, dans l'exemple pré- cédent, retient le fer ou l'aimant par le bas, nous pouvons interposer, entre celle de ces deux substances qui est mobile et celle qui est fixe, une séparation de cui- vre, de bois, de verre, de carton, dont l'épaisseur soit égale à la longueur du fil employé tout-à-l'heure. Soit le fer, soit l'aimant, celle des deux substances qui est mobile restera, de la sorte, posée en l'air, sans tomber, appuyée contre l'obs- tacle supérieur qu'elle presse. Que cet obstacle soit la main, la pression exercée, à cet endroit, vous devient sensible. Nous pouvons imaginer ainsi un poids d'une centaine de kilogrammes appendu à la voûte d'un édifice, sans attache visible, par une sorte de miracle continu.

Ces expériences nous apprennent que

le fer et l'aimant se portent l'un vers l'autre à travers le verre, le bois, le cuivre, le carton, l'étain ; à travers la couche d'étain, par exemple, qui recouvre la tôle dans le ferblanc ; à travers la pierre, à travers la main, à travers l'eau, tout comme à travers l'air. En un mot, il n'est pas, pour eux, de corps *isolant*.

Vous avez remarqué que cette action varie selon le volume ou fer employé ; vous pouvez observer aussi qu'elle varie suivant la distance de l'aimant et du fer.

Considérons de plus près les faits bizarres que les relations de l'aimant et de la limaille de fer nous ont montrés. Cette limaille, l'aimant ne se borne pas à la retenir grain à grain. Vous voyez que ces grains de fer, précédemment indifférents les uns aux autres, cessent de l'être ; ils ne sont plus seulement contigus, ils se tiennent, ils sont collés à la file. Par le seul contact, ou même par la seule appro-

che de l'aimant, les relations de ce grain
de limaille avec l'un de ses pareils sont
changées ; il en est de même de celui-ci
avec un autre, de cet autre avec un quatrième.

Au premier grain de limaille substituons
un petit barreau de fer doux. — Il reste
suspendu. L'avons-nous approché de la limaille de fer éparse sur cette table ? La
limaille s'est mise en mouvement vers
lui et s'y est appliquée et fixée, comme elle
l'aurait fait à l'aimant même. C'est, sous
une autre forme, le fait que les grains de
limaille nous ont présenté tout-à-l'heure,
à savoir que le fer, par le seul fait de
son contact avec l'aimant, change de relation à l'égard du fer près duquel il se
trouve, et se comporte, avec ce fer, comme
l'aimant lui-même.

Cette relation nouvelle serait-elle durable ? Ce petit barreau de fer nous dispen-
serait-il d'employer le minerai ? — Dès
l'instant que ce barreau est éloigné de

l'aimant, il ne retient plus les grains de limaille qu'il portait, lesquels se séparent eux-mêmes les uns des autres ; la société qu'ils formaient est rompue ; les moindres filaments redeviennent poussière. Vainement présentons-nous ce barreau de fer à la limaille éparse, ils restent indifférents l'un à l'autre. Notre aimant de fer doux n'est qu'un aimant passager.

Peut-être supposerez-vous que le barreau de fer, tandis qu'il touchait l'aimant, n'était pour rien dans le changement de relation des grains de limaille entre eux ; peut-être croirez-vous encore que l'aimant agissait sur eux, à travers ce barreau, comme il eût agi à travers un barreau de longueur égale, en cuivre, en verre, en bois. — Interposez entre l'aimant et la limaille un barreau de cuivre, de verre, de bois : et vous verrez que les grains de limaille ne se réunissent pas.

Approchez de l'aimant un anneau de fer : Il s'y attache. Au lieu de grains de limaille, approchez de cet anneau de fer un autre anneau du même métal : Il y reste suspendu. Ce second anneau peut en porter un troisième, et celui-ci un quatrième. Vous avez, comme en chaque parcelle de limaille, une chaîne dont l'aimant est le chaînon primordial et même quelque chose de plus ; car si le premier anneau est éloigné du minerai, tous les autres anneaux cessent aussitôt de se toucher entre eux ; l'aimant ôté, le lien invisible et insaisissable de la chaîne merveilleuse n'est plus, et cette chaîne cesse d'exister.

Il n'est pas nécessaire, comme vous pouvez le voir, que le premier anneau touche l'aimant, pour que la chaîne se forme et dure ; il suffit qu'il en soit à une certaine distance, variable selon le volume du fer et la puissance de l'aimant. Que l'intervalle entre l'aimant et le fer soit, dans ce cas, occupé par de l'air ou bien par du cuivre, du bois, du verre, du car-

ton, de l'eau, cela ne paraît rien changer au résultat. Une relation nouvelle
n'est pas moins établie tout-à-coup entre cet anneau et les grains de limaille
qu'il touche, et entre ces grains eux-
mêmes.

Rien de plus surprenant, après ce changement subit de relations, que leur dispa-
rition soudaine, dès que l'aimant est
écarté. Mais si, au lieu de nous borner à
séparer l'un des chaînons de cette chaîne
étrange, soit du chaînon voisin, soit de
l'aimant lui-même, nous coupions en deux
ce chaînon, pendant que son extrémité
inférieure retient d'autres morceaux de
fer ou porte des filaments de limaille, que
se passerait-il ? — Si le chaînon est un
brin de fil de fer, l'expérience est facile.
— La moitié inférieure n'est pas plus tôt
détachée par un coup de ciseaux, qu'elle
cesse, comme un chaînon entier que l'on
isole, de retenir le fer en fil, en anneau,
en limaille.

La distribution de la limaille autour de l'aimant ne peut manquer d'attirer votre attention. Voyez, par exemple, ce morceau d'aimant qui vient d'y être roulé en tous sens, il s'en faut de beaucoup que la limaille se soit fixée, à l'entour, avec uniformité. Il est deux côtés opposés vers lesquels elle s'est portée de préférence et appliquée en plus grande quantité. Les filaments y sont beaucoup plus longs. Vous pouvez observer, en outre, qu'ils y affectent une position constante : Ils se dressent perpendiculairement à ce côté de l'aimant. De ces extrémités au milieu, les filaments vont en diminuant de longueur ; ici encore, ils affectent une direction constante : Ils s'inclinent tous, comme s'ils fuyaient l'extrémité qui est la plus voisine. Enfin, au milieu, au point de rencontre de ces deux petites crinières décroissantes, couchées en sens inverse, le minerai reste à nu ; il ne s'est pas, à cet endroit, fixé un seul grain de limaille,

Enlevez ce chevelu si régulier et présentez, de nouveau, le morceau d'aimant à la poussière de fer, vous la voyez s'appliquer, avec la même influence, aux mêmes extrémités, décroître de là jusqu'au milieu, où la même ligne reste à nu. Tamisez de la limaille au-dessus de l'aimant, vous la voyez voler vers l'une ou l'autre extrémité. Celle qui reste au milieu, s'y amasse sans former de chevelu, et tombe au moindre mouvement.

L'inspection de cette pierre nous eût-elle jamais fait deviner un tel résultat? Les deux extrémités vers lesquelles la limaille se porte de préférence, ne diffèrent nullement, à l'œil, de cette ligne moyenne où la limaille ne se fixe pas, et il ne paraît pas que l'analyse chimique y puisse découvrir de différence.

Présentons successivement ces divers points de l'aimant à un petit morceau de fer suspendu à un fil. Nous voyons que les extrémités où la limaille s'attache en

filaments plus longs, font dévier le plus
fortement ce petit pendule de la verticale ;
— que cette action va en diminuant, des
extrémités au milieu ; et que l'aimant,
dans la ligne moyenne, n'agit pas sur le
fer suspendu : C'est une nouvelle preuve
des restrictions que nous devons apporter
à ce que nous avons dit des relations de
l'aimant et du fer. Il nous faut décidé-
ment, distinguer dans l'aimant, *deux extrémités actives* et une ligne *moyenne neutre*. La neutralité de cette ligne n'est
pas moins surprenante que l'énergie des
extrémités.

Mais si l'on sciait ce morceau d'aimant
dans le sens de la ligne neutre, ce minerai n'agirait-il plus que par un bout, sur
la limaille ou le fer suspendu ? — Sacri-
fions, pour résoudre cette question, un
petit fragment d'aimant. — Au reste,
nous allons avoir tout-à-l'heure des aimants aussi faciles à casser que le verre,
et l'expérience que je propose coûtera

moins de peine. Nous pouvons en supposer
le résultat, si nous considérons que ce
morceau d'aimant, où nous venons de
constater l'existence de deux extrémités
actives et d'une ligne moyenne neutre,
a été lui-même séparé d'un morceau plus
volumineux, bien que, sans doute, on
n'ait pas songé à le scier dans la ligne
moyenne.

Cette action plus grande des extrémités de l'aimant et la neutralité de la
ligne moyenne, nous peuvent être rendues
sensibles sous une autre forme. Nous
avons vu que les relations du fer et de l'aimant ne sont pas plus interrompues par
le bois, le carton, le verre, le cuivre que
par l'air. Posons donc, au-dessus de l'aimant, une plaque de cuivre poli ou bien
une vitre ou seulement une feuille de papier un peu fort et lisse, et faisons-y tomber, avec un tamis, de la poussière de
fer : Nous remarquons que cette poussière
ne s'amasse pas confusément sur ce'

surface. A l'exception de la ligne moyenne qui se recouvre de lignes parallèles de limaille, la totalité de l'aimant se dessine en blanc sur le papier. Des deux extrémités partent des filaments presque perpendiculaires. De chaque extrémité à la ligne moyenne, partent des lignes inclinées qui se rejoignent, à la hauteur de cette ligne, en courbes régulières.

Voulez-vous varier cette curieuse expérience : Tamisez de la poussière sur la surface polie; puis, placez l'aimant, au-dessous. A l'instant, comme des soldats dispersés au roulement de rappel, tous les granules de fer se rangent, d'eux-mêmes, dans l'ordre symétrique que je viens de décrire. Tardent-ils à s'aligner soit perpendiculairement aux extrémités, soit en arcs repliés, d'une extrémité à l'autre, il vous suffit de frapper légèrement, avec le doigt, sur le papier ou le verre, pour que chacun se rende aussitôt à son poste. Vous pouvez produire de nouveaux mouve-

ments, faire incliner les filaments dressés,
redresser ou incliner en sens inverse les
filaments inclinés, en promenant l'aimant
en différents sens.

Voulez-vous un autre exemple du
même fait : Rangez sur deux lignes parallèles une douzaine de petits bouts de
fil de fer, soit posés sur la surface polie
d'une vitre, soit suspendus chacun, par
le milieu, à un fil ; soit encore, flottant sur l'eau au moyen de petits supports
de bois. Qu'un aimant soit placé, au-dessous, entre ces deux lignes : toutes ces
aiguilles de fer entrent aussitôt en mouvement ; elles s'inclinent, chacune suivant sa position, vers l'une ou l'autre
extrémité de l'aimant, et d'autant plus
vers cette extrémité qu'elles en sont plus
près ; formant, de la sorte, ensemble, de
chaque côté du minerai, un arc ou bien
en somme, un ovale complet et régulier.

Il n'est pas jusqu'au chevelu de limaille
qui s'attache au fer, pendant que celui-ci

touche l'aimant, qui ne présente, dans ses
inégalités, une uniformité constante. Prenez le petit barreau de fer pour exemple :
Vous y retrouvez une ligne moyenne à
laquelle la limaille de fer reste indifférente;
de cette ligne moyenne jusqu'à l'une ou
l'autre extrémité du barreau, le chevelu
de limaille va en augmentant de longueur.
Il est à noter que la ligne moyenne n'est
pas ici tout-à-fait au milieu. Elle est plus
rapprochée de l'extrémité qui touche l'aimant que de l'extrémité libre.

Au lieu de présenter de la limaille aux
différents points de ce petit barreau, pendant qu'il touche l'aimant, posez un papier dessus et faites tomber sur le papier
une pluie fine de limaille ; vous observez, dans la distribution spontanée de cette
poussière, au-dessus du petit barreau de
fer, la même régularité que vous avez vue,
tout-à-l'heure, à l'égard de l'aimant même.

Jusqu'ici, nous n'avons considéré l'aimant que vis-à-vis du fer doux. Obser-

2

vons maintenant comment se comportent deux aimants mis en présence.

Vous pouvez remarquer d'abord que, de quelque côté que vous les fassiez se toucher, ils s'appliquent l'un à l'autre et restent attachés. — Voulez-vous observer leurs mouvements respectifs ; il nous faut placer l'un d'eux de façon qu'il se puisse mouvoir librement, s'il y a lieu. Pour cela, nous pouvons le poser sur une surface polie ; le mettre, avec un support de bois, sur l'eau ; le suspendre à un fil, ou bien, au moyen d'un petit creux, le faire tenir en équilibre sur un pivot.

Une nouvelle surprise vous attend ici. L'aimant mobile duquel vous approchez un autre aimant, au lieu de se porter vers lui, comme faisait toujours le fer, recule et s'éloigne. Sur l'eau, il fuit devant votre main jusqu'à ce que l'espace lui manque. Au bout du fil suspenseur, il s'écarte de la ligne verticale, et décrit en arrière, devant l'ennemi qui le poursuit, un arc de

cercle aussi étendu que le permet sa tendance contrebalancée, mais non détruite
vers le centre de la terre.

Il ne faut pas trop vous hâter de conclure,
de ce nouveau fait, que les aimants n'ont,
l'un pour l'autre, que de la répulsion.
Présentez, en effet, à l'aimant mobile,
l'extrémité opposée de l'aimant que vous
tenez : Vous voyez l'aimant mobile subitement revenu de son aversion pour son
pareil, s'avancer vers lui et le suivre avec
autant de constance qu'il l'évitait tout à
l'heure.

Mais, nouvelle bizarrerie ! la même
extrémité qui, tout à l'heure, faisait accou-
rir l'aimant mobile, le fait reculer maintenant. — Vous pouvez remarquer que,
dans ce dernier cas, bien que vous pré-
sentiez à l'aimant mobile la même extrémité de l'aimant que vous tenez, ce n'est
plus au même bout de l'aimant mobile que
cette extrémité est offerte.

Nous apprenons ainsi que les deux

extrémités d'un aimant, qui paraissent avoir la même action sur le fer doux, n'ont pas la même action sur l'une et sur l'autre extrémité d'un autre aimant.

Nous reconnaissons, du reste, en roulant nos deux aimants dans la limaille de fer, que ces extrémités, dont l'action est différente, sont précisément celles où la limaille s'applique en plus grande quantité.

L'absence de la limaille indiquant, a l'œil, la ligne moyenne ou neutre, nous pouvons présenter cette ligne successivement à l'une et à l'autre extrémité active de l'aimant mobile : Nous trouvons qu'elle ne le fait ni avancer ni reculer.

L'action plus vive des extrémités de l'aimant sur la limaille, nous les avait fait remarquer. Leur action sur les extrémités d'un autre aimant nous les montre alternativement attirantes et repoussantes. Ayons deux aimants : une extrémité du premier attire une extrémité du second, et repousse l'autre extrémité. Il en est de même du second aimant : l'une de ses extrémités repousse une extrémité du premier et attire l'autre extrémité. Ayons un troisième aimant, il nous présente le même fait. Il a, par rapport à l'une et à l'autre extrémité des autres aimants, une extrémité attirante et une extrémité repoussante.

Je vois d'ici l'un de mes jeunes lecteurs se faire un jeu de ces attractions et de ces répulsions, de ces aversions et de ces sympathies. Déjà, dans sa pensée, l'un de ces petits fragments d'aimant, est recouvert d'une légère couche de cire, et transformé, sur un support de liége, en un canard qu'un autre fragment, caché dans un morceau de pain, fera reculer, avancer, tourner sur lui-même, suivant que l'une ou l'autre extrémité lui sera présentée. Ne craignez pas, enfants, d'animer cette étude, de la gaîté de votre âge. De l'attention donnée à la conduite de ce canard de

cire sur sa pièce d'eau, peut naître l'une
des plus fécondes observations que les
hommes aient jamais eu le bonheur de
faire.

Revenons à ces extrémités alternativement attirantes et repoussantes de chaque
aimant. Qu'arrive-t-il, lorsqu'elles se tou-
chent, par exemple, au fer doux que l'une
des deux tient suspendu ? — Qu'un autre
aimant présente à l'extrémité où pend ce
fer, l'extrémité qui l'attire : aussitôt le
morceau de fer se détache de lui-même.
Par le contact des deux extrémités qui
s'attirent ou même par leur seule approche, l'action de l'une ou de l'autre d'entre
elles, sur le fer, est comme neutralisée. Le
point de jonction de ces deux extrémités se
trouve dans le même cas que la ligne
moyenne, en chaque aimant.

Présentez, maintenant, à l'extrémité où
pend ce fer, celle des extrémités d'un autre
aimant qui la repousse. Le fer ne se détache pas ; loin de là, l'extrémité à la-

quelle il est suspendu, peut soutenir une
charge plus forte. L'action que le rapprochement des deux extrémités qui s'attirent, neutralise, est doublée par le rapprochement des extrémités qui se repoussent.

———————

Dans les exemples qui viennent de
nous montrer les relations de l'aimant
et du fer, c'est seulement du fer doux que
nous avons parlé. Il n'est guère possible
de répéter les divers essais qui viennent de
nous occuper, sans nous apercevoir que
le fer battu et l'acier ne sont pas non plus
indifférents à l'action de l'aimant.

Nous pouvons d'abord reconnaître que
la limaille d'acier n'est guère moins attirable que celle de fer ; elle forme autour
de l'aimant les mêmes filaments, les mêmes houppes, décroissantes des extrémités
à la ligne moyenne.

Des brins de fil d'acier se conduisent
les uns au bout des autres, lorsque l'un

d'eux touche l'aimant, comme les anneaux
de fer doux ; seulement ils sont un peu
plus longtemps à se fixer les uns aux autres.

De plus gros morceaux d'acier, et surtout d'acier fortement trempé, ne se conduisent plus ainsi. Il ne paraît pas possible
de renouveler, avec des barreaux d'acier,
la chaîne que nous ont présentée les anneaux ou les barreaux de fer doux. La
lenteur des fils d'acier à se fixer les uns
aux autres, lorsque l'un deux touche l'aimant, fait penser que la difficulté de fixer
de même, des barreaux d'acier, n'est
qu'une question de temps ; et, de fait, si
ce fragment d'acier, qui semble devoir
rester étranger à l'aimant, est tenu un
quart d'heure, une demi-heure, une heure,
en contact avec lui, vous le voyez ensuite
faire partie de la chaîne, comme un morceau de fer doux.

Une autre circonstance peut suppléer à
ce contact prolongé. Que l'acier soit pro-

mené, à plusieurs reprises, sur l'aimant
dans le même sens, ou bien l'aimant sur
l'acier, toujours dans le même sens, il
peut ensuite former la chaîne en question.
Que l'un des morceaux d'acier ainsi trai-
tés pende à l'extrémité d'un aimant : Vous
voyez cet acier attirer et retenir la limaille
de fer, comme ferait un morceau de fer
doux.

Détachez, maintenant de l'aimant, ce
morceau d'acier, vous observez une particularité à laquelle vous ne vous attendiez
pas. La limaille ne s'en sépare pas; elle
ne tombe pas, comme lorsque vous avez
éloigné de l'aimant le barreau de fer
doux.

Enlevez cette limaille, et présentez votre morceau d'acier à la poussière de fer
éparse sur cette table : Elle se porte vers
lui, s'y applique et s'y fixe. Roulez ce
morceau d'acier dans cette poussière :
Deux de ses extrémités se couvrent de
chevelu qui va décroissant de chacune

d'elles au milieu, dressé, aux extrémités, incliné, des extrémités à cette ligne moyenne.

Ainsi, après avoir résisté plus longtemps que le fer doux à l'action de l'aimant, après s'être refusé à la transmission de cette action, voici l'acier devenu un aimant lui-même ! La puissance, qui n'existe chez le fer doux qu'en présence de l'aimant, venue plus tard, et, si l'on peut dire, plus laborieusement dans l'acier, y persiste, en l'absence du mystérieux minerai.

Mettez à l'épreuve les morceaux d'acier que vous avez réussi à faire entrer dans la chaîne qui pend à l'extrémité d'un aimant : Chacun d'eux a, vis-à-vis les extrémités d'un de ses pareils, comme vis-à-vis les extrémités d'un aimant, ses extrémités alternativement repoussantes et attirantes. Après des semaines, des mois, des années, ils se conduisent encore comme l'aimant. Nous pouvons désormais les

substituer à l'aimant, dans nos expériences (1).

Il en est une que nous avons ajournée,
et que la découverte des aimants artificiels
si cassants, nous permet de tenter ; je veux
parler de la troncature d'un aimant dans
la ligne moyenne.

Cette ligne répond au milieu de ce petit
barreau d'acier, comme vous le pouvez
voir, en le roulant dans la limaille. Ce

(1) Une aiguille d'acier a'mantée et entourée de cire, permet à nos jeun s physiciens, dans la construction de leur
canard fantasque, de le débarrasser du support de liége,
qui ne convient guère à un si habile nageur.

Je trouve dans un ouvrage de M. *Herschel,* une application plus sérieuse de l'aimantation de l'acier. Les ouvriers
qui font la pointe des aiguilles sont constamment exposés
à respirer une poussière invisible dont l'effet sur le tissu
pulmonaire ne tarde pas à se faire sentir. En Angleterre,
ces ouvriers, au rapport du docteur Johnson, atteigna ent
à peine l'age de quarante ans. La gaze et la toile n'arrêtaient
pas cette poussière délétère. Enfin, l'idée est venue de pro-
téger les yeux et la poitrine des travailleurs par un masque
tissu de fils d'acier aimantés. C'est en voyant la quantité
d'acier, retenu au passage sur ces masques, que l'on a me-
suré, dans toute son étendue, le péril au milieu duquel les
ouvriers avaient, au prix de tant d'années de vie, travaillé
jusqu'alors.

barreau, sacrifions-le : le voici brisé sans
peine. Mettez, maintenant, chaque moitié, dans la limaille de fer, chaque moitié,
comme vous le voyez, a, comme le barreau
entier, deux extrémités, à chevelu de limaille, et une ligne moyenne neutre. Suspendez l'une de ces moitiés à un fil, par le
milieu, et présentez alternativement, à chacune de ses extrémités, chacune des extrémités de l'autre moitié. Vous voyez que ces
deux fragments ont, comme le barreau
entier, deux extrémités alternativement
attirantes et repoussantes. Ainsi, par cette
cassure, au lieu d'un aimant d'acier vous
en avez deux. Brisez l'une de ces deux moitiés en deux autres : Vous retrouvez encore
deux extrémités et une ligne moyenne. Les
plus petits fragments auxquels vous puis-
siez arriver par des cassures successives,
vous donnent à distinguer, comme le barreau entier, deux extrémités et une ligne
moyenne.

Le nouvel aimant que nous venons

d'acquérir, outre qu'il peut se présenter
à nous, selon les besoins de l'expérimenta-
tion, sous les formes et dimensions diverses
que l'acier nous offre, peut encore suppléer
à l'aimant dans le fait même de l'*aimantation* de morceaux d'acier de toutes sortes.

Nous verrons plus tard divers moyens
de suppléer, pour l'aimantation passagère
ou durable, non pas seulement à l'aimant,
mais à l'acier aimanté lui-même. Avant
d'arriver à ces nouvelles merveilles (1),
jetons un regard vers le passé ; et voyons
jusqu'où ont été les connaissances des
anciens sur les propriétés de l'aimant.

Il n'y a pas à chercher, dans leurs
écrits, quel homme observa le premier
l'application de l'aimant et du fer, ou le
mouvement de l'un vers l'autre. Un auteur,
cité par *Pline*, faisait découvrir ce fait à

---

(1) Je dois dire ici que le fer battu, le fer écroui, peut
conserver, non pas toutefois aussi fortement que l'acier,
ces relations avec le fer, que le *fer doux* ne garde que
pendant qu'il touche l'aimant ou l'acier aimanté.

un berger, qui avait senti l'extrémité fer-
rée de son bâton ou les clous de sa chaus-
sure retenus à la roche sur laquelle il
passait. Dès le temps de *Thalès*, les mys-
tères de l'aimant exerçaient la sagacité
des philosophes grecs. *Thalès* ayant défini
l'âme, « ce qui met un corps en mouvement, » donnait, au rapport d'*Aristote*,
une âme à l'aimant, parce qu'il met le
fer en mouvement ; il ne paraît pas avoir
remarqué, qu'une expérience inverse
l'obligeait à donner pareillement une âme
au fer. On voit, par un passage de *Manè-
thon,* relaté par *Plutarque* dans son traité
d'Isis et d'Osiris, que cette réciprocité
d'action n'était pas inconnue des anciens
Égyptiens, pour qui l'aimant et le fer
étaient le symbole des principes religieux
les plus contraires (1). L'aimant était

(1) C'est à tort, ce me semble, que l'on a pris ce passage
de *Plutarque* pour une indication du double fait d'attraction
et de répulsion. J'y vois seulement le fer et l'aimant, mobiles chacun à leur tour et entraînant l'autre. D'ordinaire

appelé, chez eux, os d'Horus, et le fer, os de Typhon.

Un autre fait familier aux Grecs et aux Romains, c'est celui de l'attraction exercée, sur le fer, par le fer qui touche l'aimant, tant que dure le contact, et de la chaîne, au lien invisible, qui en résulte. *Platon,* dans un dialogue sur le délire poétique,¹ compare les enthousiastes d'Homère aux anneaux de cette chaîne, dont le grand poète est l'aimant. C'est même par la description de cette chaîne que le poète latin *Lucrèce* aborde, d'après le philosophe grec *Epicure,* l'explication des merveilles de la *pierre de Magnésie* (1).

Lucrèce sent le besoin de préparer son

c'est le fer qui se met en mouvement vers la merveilleuse pierre, et la suit ; mais aussi, d'autres fois, le fer, image de la dureté, reste immobile ; l'aimant, antique emblème de l'irrésistible puissance de la douceur, se meut lui-même vers le fer, l'attache à soi, le convertit et le ramène.

(1) Pierre de Magnésie ou pierre *Magnès* : de là, le mot « *magnétique* » affecté, chez nous, aux faits qui se rapportent à l'aimant et à l'aimantation, et, celui de « *magnétisme* » donne, soit à cet ordre de faits, soit à leur connaissance.

auditeur aux raisons inusitées qu'il va lui
donner, et commence par lui rappeler
nombre de faits qui, pour échapper à la
vue ou bien au toucher, n'en sont pas
moins réels : les odeurs, les sons, la trans-
piration insensible, la croissance des on-
gles, des cheveux, des feuilles, des fleurs;
le passage de la chaleur à travers l'argent
ou le cuivre ; le goût particulier de l'air
auprès de la mer ; l'air caché en toute
chose. C'est à un air inaperçu qu'il attribue les faits de l'aimant ; la même explication se retrouve dans les questions pla-
toniciennes de *Plutarque*.

Quelques vers de Lucrèce mentionnent
le fait de répulsion comme celui d'attraction ; en voici la traduction littérale : « Il
arrive aussi *parfois* que le fer s'éloigne de
cette pierre, habitué à la fuir et à la suivre tour à tour... J'ai même vu des samo-
thraces (des anneaux) de fer et en même
temps des raclures de fer entrer en fu-
reur, en des bassins de cuivre, lorsque

celte pierre de Magnésie se trouvait au-
dessous, au point qu'ils semblaient s'éloi-
gner de la pierre, et sauter... Cette pierre
repousse loin d'elle et agite, à travers le
cuivre, les objets que, sans ce cuivre, elle
fait venir à elle *d'ordinaire.* »

On lit, a la suite des antithèses par lesquelles *Pline* semble vouloir animer la
curiosité languissante de ses contemporains, « qu'une montagne voisine de
l'Etiopie donne la pierre théamide, qui
repousse toute espèce de fer et le chasse. »
C'est la seule répulsion dont parle le naturaliste latin. Le reste de l'article consiste dans l'énumération des diverses es-
pèces d'aimant, d'après leur pays, leur
couleur, leur force, et ne présente aucune
observation nouvelle.

La pièce de vers, consacrée par *Claudien*
à l'aimant, ne va pas au-delà des faits
d'attraction. Le début de cette pièce semble annoncer pourtant des merveilles
moins connues :

« Cette pierre, écrit-il, n'orne pas la chevelure des rois ni le col blanc de la jeune fille... Mais si tu vois les prodiges inouïs de ce caillou noir, il surpassera pour toi et les belles parures et tout ce que l'Indien, sur les rives orientales, cherche dans l'algue empourprée. »

Saint Augustin décrit au long la chaîne d'anneaux de fer, unis par cela seul que le premier d'entre eux touche l'aimant.

« La première fois que je vis cela, dit-il, je fus frappé de stupéfaction (*vehementer inhorrui*). »

Marcellus Epiricus, médecin de Théodose, cité par M. *Klaproth*, écrit au quatrième siècle, « que l'aimant nommé antiphyson, attire et repousse le fer. » Était-il à la connaissance de l'auteur, que le fer ainsi repoussé, se comportât lui-même comme un aimant? Rien, dans cette citation du moins, ne l'annonce.

Il résulte de cette revue, que les anciens ne paraissent pas avoir mis plusieurs ai-

mants en présence ; qu'ils ne paraissent
pas avoir connu la possibilité de faire des
aimants, avec le fer ou l'acier ; qu'ils ne
paraissent pas même avoir observé ce que
le rapprochement de l'aimant et de la limaille de fer permet de voir ; qu'ils n'ont
pas observé d'aimants mobiles ; du moins,
à l'exception du passage de Plutarque,
leurs écrits n'en parlent pas, non plus
que des faits à l'observation desquels ces
dispositions diverses les eussent conduits.

Faut-il s'étonner que l'observation qu'un
enfant peut faire, en regardant, à diverses reprises, un aimant flottant sur l'eau,
faut-il s'étonner, dis-je, que l'observation
simple et féconde de laquelle devait résulter l'accomplissement d'une de leurs plus
étonnantes prophéties (1), leur ait été re-
fusée ?

(1) Il viendra, dit le Chœur dans la Médée de *Sénèque*
(acte II, scène III), «il viendra, dans les années reculées,
des siècles où l'Océan desserrera ses chaînes, où la grande
terre s'ouvrira, où Typhis découvrira de nouveaux mondes,
où Thulé ne sera plus la borne de l'univers !

Il nous faut en revenir à notre canard
magnétique. C'est à vous, enfants, à nous
donner de ses nouvelles, vous qui vous
êtes chargés d'observer ses allures, ses ha-
bitudes, ses aversions, ses préférences.
Après l'avoir fait tourner en tous sens,
vous l'avez sans doute laissé à lui-même.
Que devient-il alors ?

Pour toute réponse, vous nous le mon-
trez, arrêté au milieu de son étang. Chose
singulière ! Ce canard, lorsqu'il se repose,
regarde toujours du même côté. Le faites-
vous pirouetter avec le doigt, il n'oublie
pas, pour cela, la position d'où vous l'é-
cartez ; de lui-même il y revient, peu à
peu, sans se tromper d'un millimètre.
Présentez-vous à droite ou à gauche de
son bec, telle extrémité d'une aiguille aimantée, il se détourne, et tant que l'invisible obstacle que cette extrémité lui oppose, se trouve là, il reste écarté de sa
position favorite ; mais que l'aiguille soit
éloignée, vous le voyez, comme délivré

d'un ennemi, revenir à sa direction première.

L'aiguille aimantée dont les deux extrémités forment la tête et la queue de ce
canard, n'est pas seule de son espèce. Fa-
çonnons d'autres canards; piquons une
aiguille aimantée dans un petit batelet de
liége; suspendons horizontalement une
autre aiguille aimantée à un fil, posons
en équilibre, sur un pivot, cette petite
bande d'acier aimanté. Tous ces aimants
se sont-ils donnés le mot? Tous, laissés à
eux-mêmes, sans obstacle, s'arrêtent dans
le même sens. Écartés de cette position,
soit avec le doigt, soit sous l'influence attirante ou repoussante d'un autre aimant,
ils y reviennent d'eux-mêmes, dès que
l'obstacle est écarté.

Peu importe en quel sens l'aimant ou
l'aiguille aimantée, mobiles et laissés à
eux-mêmes, s'arrêtent, pourvu que cette
direction soit constante. Vous voyez que
cette direction est du nord au sud. Ainsi,

par la seule inspection de cette ligne de
repos, le nord et le sud, l'est et l'ouest et
les directions intermédiaires nous sont
donnés, soit en pleine mer, soit au milieu
des sables du désert, alors même que les
nuages ou les brouillards cachent, de nuit
ou de jour, les étoiles ou le soleil. Au bout
de cette ligne de repos, est l'étoile du
nord, l'étoile polaire(1), nous n'avons donc
plus besoin de la voir : il nous suffit de
faire une marque à celle des extrémités de
l'aiguille ou du barreau aimanté, qui se
dirige de ce côté. Vienne la question du
tour de l'Afrique ou bien la pensée, plus

(1) Tout le monde connaît l'assemblage de sept étoiles,
appelé *le chariot* ou *la grande ourse ;* constellation que
nous voyons toujours du côté du nord, mais tantôt plus
bas, tantôt plus haut, suivant le temps de l'année où l'observation a lieu. Les deux étoiles les plus éloignées du
timon du chariot, ou de la queue de la grande ourse, conduisent par un alignement vertical à peu près vers l'étoile
polaire, en suivant cet alignement, à droite, en été, — à
gauche, en hiver, — en haut, en automne, — en bas, au
printemps. On prend communément l'étoile polaire pour
le pôle même, bien qu'elle en diffère de deux degrés ; différence insensible à la vue simple.

hardie encore, du tour du globe, les navigateurs n'auront plus à craindre de perdre
de vue le ciel ; ils porteront partout avec
eux la ligne méridienne de l'endroit où
ils seront, et cette ligne leur montrera,
pour ainsi dire, du doigt, le pôle (1).

Nous venons de voir quel était, chez
les anciens, l'état des connaissances rela-
tives à l'aimant. Il n'est pas nécessaire,
après cela, d'accumuler les extraits de

---

(1) Qu'une aiguille ou lamelle d'acier aimantée, percée
d'outre en outre au milieu, effilée par les deux bouts, de la
forme d'un losange allongé, soit collée sous une feuille
ronde, mince et rigide de talc, recouverte elle-même d'une
rondelle de papier où sont tracés les quatre points cardinaux et un certain nombre de directions intermédiaires,
le point nord correspondant à l'extrémité de l'aiguille, et
distingué autrefois par une fleur de lis, de nos jours, par
une étoile ; que cette aiguille soit posée en équilibre, par
une chape d'agate ou de laiton insérée dans son milieu,
sur un pivot dressé au centre d'une boîte, et recouverte
d'un verre ; vous avez la *boussole*, ou le *compas de route*.
Reste à la préserver, par une double boîte et une suspension spéciale, de l'agitation du vaisseau, dans l'Habitacle,
sorte de petite armoire ouverte, dressée au milieu de la
largeur du bâtiment, sous les yeux du timonier. La nuit,
une lampe ou verrine l'éclaire, suspendue comme la double
boîte de la boussole.

leurs poètes ou de leurs historiens, attestant qu'il ne connurent, dans leur navigation, d'autre guide que la vue des côtes et des astres. Les obscurs passages que l'on a rapprochés pour démontrer le contraire, un mot de *Plaute*; un autre d'Hérodote (1); quelques vers du VIIIᵉ chant de l'Odyssée, ne sauraient nous faire changer d'avis.

Ainsi donc le premier point, dans l'histoire de la boussole, c'est qu'elle ne se trouve pas, en Europe, de temps immémorial. Le temps où elle y était inconnue n'appartient pas à une époque de traditions confuses, mais de notions précises, de science écrite. On s'attend, d'après cela, sans doute, à voir une connaissance aussi féconde, jaillir tout à coup au milieu de l'Europe, avec un éclat pareil à celui des grandes découvertes géographiques qui doivent en être le fruit. Mais ici, quel désap-

---

(1) Il s'agit de la *flèche* énigmatique de l'*hyperboréen* Abaris.

pointement ! Loin de pouvoir partir d'une
date mémorable, et d'un nom pour jamais
illustré, l'historien est réduit à remonter
d'année en année, le cours des temps, à
travers mille chemins tortueux, sans
espoir de jamais arriver à une source
unique.

Cela vient de ce que la boussole n'a pu
porter ses fruits du jour même où elle se
trouva, pour la première fois, en des mains
européennes, ne disant pas au navigateur
où il est, elle ne peut suppléer, toute
seule, au soleil, aux astres nocturnes, à
la vue des côtes. Restait donc pour con-
sentir à perdre totalement de vue, sur la
foi de ce nouveau guide, le ciel et la terre,
d'une part, à spécifier, entre les innom-
brables lignes méridiennes, celle sur
laquelle on se trouvait et que l'aiguille
aimantée rendait visible ; d'une autre
part, à déterminer à quel point de la longueur de cette méridienne on était, ou,
si vous voulez, à quelle distance on se

trouvait du pôle ou de l'équateur. Aussi cette invention n'appartient-elle ni au temps de *Christophe Colomb* ni même au siècle d'expéditions préparatoires par lesquelles les nations occidentales de l'Europe et notamment les Portugais, avaient préludé à l'entreprise de *Diaz* et de *Gama*.

On voit cet instrument en usage en Europe, sous une forme encore imparfaite, il est vrai, près de trois cents ans avant le départ de Colomb. L'aiguille aimantée est d'abord simplement piquée au travers d'un ou de deux brins de paille, et posée sur l'eau, dans un bocal : Telle est la boussole, au temps de saint Louis, d'après *Hugues de Bercy*.

La plus ancienne mention que l'on trouve, en français, de cet usage, est dans une petite pièce satirique d'un Champe- nois, *Guyot* de Provins, connue sous le nom de *La Bible de Guyot*, et composée, selon l'histoire littéraire de la France, vers 1200 ; selon M. *Paulin Páris*, vers 1190. Le poète voudrait que le pape fût l'étoile polaire de la chrétienté, et que les fidèles n'eussent qu'à le regarder pour se conduire. Il ajoute que les marins, lorsqu'ils perdent de vue l'étoile polaire ou la tramontane, ont un moyen infaillible de savoir où elle est.

> « Un art font qui mentir ne peut,
> Par la vertu de la manière (1),
> Une pierre laide et brunière (2)
> Ou li fier (le fer) volontiers se joinct,
> Homs, si esgarent le droict poinct (3) ;
> Puis qu'une (4) aiguille y ont touchée
> Et en un festu l'ont fichée,
> En lève (en l'eau) la mettent sans plus,
> Et li festu la tient dessus.
> Puis se tourne la pointe toute
> Contre l'Etoile, si sans doute
> Que jà pour rien ne faussera
> Et ja nul hom n'en doutera.
> Quand la mer est obscure et brune,
> Qu'on ne voit étoile ne lune,

(1) Ou *de la magnète.*

(2) Ou *et brunette.*

(3) S'ils perdent de vue l'Etoile. Ce qui indique, que l'on réaimantait l'aiguille au moment de s'en servir, et qu'on ne s'en servait pas sans l'aimanter de nouveau, sans la *rafraîchir*, ou comme le portent d'anciens écrits italiens, la *faire boire, l'enivrer.*

(1) *Après qu'une...*

Dont font, à l'aiguille, allumer ;
Puis n'ont-il garde d'égarer ;
Contre l'Etoile va la pointe.
Par ce, sont li marinier cointe
De la droite voie tenir ;
C'est un art qui ne peut faillir... »

M. *Francisque Michel* a publié une chanson qui paraît contemporaine de Guyot,
et dans laquelle la constance de l'étoile
polaire, ou bien, à défaut de cette étoile,
la persistance de l'action qui lui est attri-
buée sur l'aiguille aimantée, sont expri-
mées presque dans les mêmes termes (1).

Un passage du livre Ier de l'Histoire
orientale de *Jacques de Vitry*, écrite entre
1215 et 1220, après avoir dit de l'*adamas*
(ou diamant) à peu près ce que *Pline* en
rapporte, à savoir, qu'il ne se trouve que
dans l'Inde ; qu'il n'excède pas la grosseur
d'une noisette ; que le sang de bouc seul
peut le briser, ajoute, toujours sous le nom

_____

(1) Cette chanson est citée dans l'*Archéologie navale* de
M. Jal, tome I, p. 208.

de l'*adamas*, bien qu'il ne s'agisse plus du diamant : « Il attire le fer par une propriété cachée. Une aiguille de fer, après qu'elle a touché l'*adamas*, se tourne toujours vers l'étoile du nord, laquelle, semblable à l'essieu du ciel, ne change pas de place, tandis que les autres circulent à l'entour. Il est donc très-utile aux navigateurs en mer. Placé près de la *pierre magnésienne* (voici l'aimant bien nettement distingué de l'*adama*s), il ne lui permet pas de retenir le fer ; et si la *pierre magnésienne* a pris le fer, elle le lâche à l'approche de l'*adamas*, qui lui enlève sa proie. »

Il résulte de ce passage, comme on l'a fait remarquer, que Jacques de Vitry ignorait la propriété directrice de l'aimant, et supposait, pour la direction des aiguilles flottantes, une pierre particulière qui se trouve dans l'Inde, indiquant par là même, l'origine de cette connaissance.

Vers 1250, dans son *Miroir naturel*, en citant un prétendu traité d'Aristote sur les pierres, Vincent de Beauvais distinguait dans l'aimant deux extrémités différentes, l'une qui fait venir le fer, et l'autre qui le fait fuir (1).

« L'extrémité qui attire le fer, écrivait-il, est vers *Zohron*, c'est-à-dire le nord ; et l'extrémité opposée, vers *Aphron*, c'est-à-dire le midi. Ainsi, l'aimant a cette propriété que, si vous approchez du fer de l'extrémité qui regarde *Zohron* ou le nord, il se tourne vers le nord (2) ; si vous approchez du fer de l'extrémité opposée, il se tourne vers *Aphron* ou le midi. »

Albert-le-Grand cite, sous le nom d'Aristote, le même passage, presque dans les mêmes termes, dans son *Traité des*

(1) L'auteur ne dit pas si ce fer était aimanté, ni s'il s'agissait, dans cette attraction ou cette répulsion, d'une extrémité spéciale de ce fer. Il ne parle pas d'après sa propre expérience ; il répète ce qu'il a lu.

(2. C'est le contraire qui est vrai. Aimantez une aiguille : l'extrémité de cette aiguille qui aura touché l'extrémité nord, se tournera vers le sud.

minéraux. Zohron y indique aussi le nord, et *Aphron* le midi.

« Les pilotes, ajoute-t-il, toujours sous le nom d'Aristote, font usage de cette propriété de l'aimant. »

Ces indications sont précieuses par leurs erreurs mêmes ; les mots *zohr* et *aphr*, bien que mal interprétés, en dévoilent la véritable source. *Zohr* signifie, en arabe, non pas le nord, mais le sud ; peut-être même est-il la racine de ce dernier mot, comme du *sur* des Espagnols. *Aphr* signifie, non pas le sud, mais le nord, dans la même langue. Ces lignes sont, en effet, extraites d'un livre arabe donné par l'éditeur arabe comme la traduction ou plutôt comme l'abrégé d'un traité d'Aristote. Cet ouvrage arabe a été traduit en 1806 par M. *Sylvestre Sacy* (Chrestomathie arabe, t. III) : mais le manuscrit de la Bibliothèque royale sur lequel a travaillé M. *de Sacy,* ne contient pas les détails relatifs à la direction du fer aimanté. Il faut donc supposer que ces détails ont été introduits dans les copies postérieures à celle que possède la Bibliothèque ; qu'ils sont une interpolation. Il n'en est pas moins vrai que cette interpolation est antérieure au temps de *Vincent de Beauvais* et d'*Albert-le-Grand*.

De combien d'années faut-il la reculer ? Les conjectures ont, en quelque sorte, leur limite dans un ouvrage arabe composé vers l'année 1007 de notre ère. Cet ouvrage appelé la *Grande table kakemite,* où sont passés en revue tous les instruments astronomiques d'alors, et dans lequel, même, l'auteur donne aux musulmans divers moyens de se tourner avec certitude vers La Mecque, dans leurs prières, ne dit pas un mot de la direction de l'aiguille aimantée. Il n'en faudrait pas conclure que l'aiguille aimantée, flottante ou autre, était alors inconnue des pilotes arabes des mers de l'Inde ; mais seulement que, chez les Arabes comme chez les Européens, par la nature même de sa transmission,

cette précieuse connaissance était parve-
nue plus rapidement aux marins qu'aux
docteurs. Les vers de Guyot montrent
assez de quelle source il tient l'infaillible
procédé qu'il décrit ; les renseignements
qu'il donne, peut-être d'après ses souve-
nirs de croisé, sont bien autrement clairs
que le passage traduit et transcrit, pour
ainsi dire, à l'aveugle, par *Albert-le-Grand*
et *Vincent de Beauvais*.

La plus ancienne mention que nos sa-
vants linguistes aient encore découverte
de la direction de l'aimant, dans les ouvrages arabes, se trouve dans le *Trésor des
marchands, pour la connaissance des pierres*, rédigé par *Bailak*, en 1282.

« Les capitaines, dit-il, qui naviguent
dans la mer de Syrie, lorsque la nuit est
tellement obscure qu'ils ne peuvent apercevoir aucune étoile, prennent un vase
rempli d'eau qu'ils mettent à l'abri du
vent, dans l'intérieur du navire ; puis,
ils enfoncent une aiguille dans une che-

ville de bois ou dans un chalumeau, de
telle sorte qu'elle forme une croix ; ils la
jettent dans l'eau et elle y surnage ; ensuite, ils prennent une pierre d'aimant ;
ils l'approchent à la surface de l'eau, im-
primant à leurs mains un mouvement de
rotation vers la droite, en sorte que l'aiguille tourne à la surface de l'eau; ils
retirent, alors, leurs mains subitement ;
et certes, l'aiguille, par ses deux pointes,
fait face au midi et au nord. Je leur ai vu,
de mes yeux, faire cela durant notre
voyage par mer, de Tripoli de Syrie, à
Alexandrie, en l'an 640 (1242).

» On dit que les capitaines qui voyagent
dans la mer de l'Inde, remplacent l'aiguille et la cheville de bois par un poisson de fer mince et creux, disposé de façon
que lorsqu'on le jette dans l'eau, il surnage : désignant, par sa tête et sa queue,
le midi et le nord. »

Bailak, comme *Vincent de Beauvais,
Albert-le-Grand* et *Jacques de Vitry,* nous

renvoient vers l'Asie orientale. Suivons
cette indication.

Voici ce que nous lisons dans une histoire naturelle médicale composée, en
Chine, de 1111 à 1117 :

« Quand on frotte avec l'aimant une
pointe de fer, elle acquiert la propriété de
montrer le sud (1). C'est pourquoi on prend
un fil de coton neuf, c'est-à-dire sans tor-
sion, que l'on attache, avec un peu de
cire, au milieu du fer qu'on suspend ainsi,
dans un endroit où il n'y ait pas de vent ;
alors l'aiguille montre constamment le
sud. Si l'on fait passer cette aiguille par
un petit tuyau de roseau mince (2) qu'on

(1) « J'entends dire aux Européens, disait l'empereur chinois *Kang-hi*, que l'aiguille aimantée se tourne vers le nord ;
nos ancêtres disaient qu'elle se tourne vers le sud ; qui l'a
le mieux trouvé ? » C'est vers le midi que regardent les
principaux édifices chinois.

(2) Ce tuyau de roseau (en latin *calamus*) ne semble-t-il
pas l'origine du nom de *calamite* donné par les Européens,
dans le moyen âge, à l'aiguille aimantée et à l'aimant lui-
même ; mot que l'italien et le grec moderne ont conservé.
Calamite étant, au rapport de Pline, le nom grec de la petite

posé ensuite sur l'eau, elle montre également le sud (1). »

Le fait de la direction de l'acier aimanté, appliqué en cette dernière occasion, comme chez les Européens du douzième siècle, à une sorte de boussole aquatique, est connu, en Chine, dès la plus haute antiquité. M. *Hager*, dans son mémoire en italien, sur la boussole orientale, et M. *Klaproth* dans sa lettre à M. de Humboldt, en ont recueilli nombre de preuves.

Le célèbre dictionnaire chinois de *Hin Tchin*, terminé en l'année 121 de l'ère chrétienne, porte à l'article aimant : « nom d'une pierre avec laquelle on peut donner la direction à l'aiguille. » Sous la dynastie des *Tsin*, de 265 à 419 de notre

---

grenouille verte que nous appelons graisset, on a supposé que ce nom était passé à l'aimant, parce qu'on avait donné la forme de grenouille, comme les Indiens, celle de poisson, au fer aimanté.

(1) L'auteur ne mentionne jamais la direction de l'aiguille vers le sud, sans y mettre une restriction sur laquelle nous reviendrons tout à l'heure.

ére, il y avait déjà, selon un autre dictionnaire chinois, des navigateurs qui se ser-
vaient de l'aimant pour connaître le
sud.

C'est le lieu de parler d'une autre application de la propriété directrice de l'aimant.

On lit, dans des Mémoires historiques,
composés dans la première moitié du second
siècle de notre ère, que, 1110 ans avant
cette ère, trois ambassadeurs du royaume
d'Annam étant venus apporter, en don, des
faisans blancs à l'empereur de la Chine, et
s'étant égarés après leur départ, » *Tcheou
Choung* leur donna cinq chars de voyage,
construits de manière à indiquer toujours
le sud: Les ambassadeurs, montés sur ces
chars, les suivirent et arrivèrent l'année
suivante dans leur pays. Les chars qui
montraient le sud étaient toujours conduits
en avant, pour indiquer le chemin à ceux
qui étaient en arrière. »

Il s'agissait le plus souvent, dans ces

chars *magnétiques*, d'un homme de bois,
debout sur un pivot, et dont le bras étendu
renfermait un barreau d'acier aimanté.
« De quelque manière que le char fût
tourné ou retourné, la main de cette figure montrait toujours le sud, » lit-on,
dans un tableau historique de la dynastie
des *Tsin*. L'auteur ajoute :

« Quand l'empereur sortait en cérémo-
nie, ce char ouvrait toujours la marche et
indiquait les quatre points cardinaux. »

Les planches jointes à la lettre de M. *Klaproth* donnent la représentation de deux de
ces statuettes pivotantes. L'une d'elles, ex-
traite de la *Grande encyclopédie japonaise*,
est debout sur une traverse placée au-devant
d'une sorte de cabriolet carré. L'autre,
empruntée à une encyclopédie chinoise,
est debout, sur le cou d'une sorte de cheval fantastique que figure, par ses accessoires, un petit char antique.

L'histoire mythologique de la Chine fait
remonter l'usage de ces chars au temps de

l'empereur Hoang-ti, c'est-à-dire 2634
ans avant l'ère chrétienne, M. *Klaproth* a
publié et traduit en entier le passage des
Grandes annales, relatif à ce fait, lequel
appartient à la guerre de *Hoang-ti* contre
le rebelle *Tchi-Yeou*. *Tchi-Yeou* excite un
grand brouillard pour mettre le désordre
dans l'armée de l'empereur ; mais l'empereur fait un *char qui indique le sud,* poursuit et atteint le rebelle.

On ignore à quelle époque remonte en
Chine l'usage des aiguilles pivotantes,
dans la marine. On les trouve mention-
nées, comme une chose usuelle, dans la
description du Cambodge, composée en
1297. Ces aiguilles y sont très-anciennes
et, de nos jours, exclusivement adoptées.
L'aiguille excède rarement 27 millimètres
de long ; elle est très-mince vers les extrémités et suspendue avec une extrême délicatesse.

Il existe une de ses boussoles à la Bibliothèque nationale. La courte aiguille

en losange effilé, enduite d'un vernis rouge
dans sa moitié méridionale, y est logée au
milieu d'un plateau d'ivoire, dans une
cavité qui, à très-peu de chose prés, a le
même diamètre, et tenue à l'abri des mouvements de l'air par un disque de talc
vitreux. Cette boussole, ainsi que l'attestent les nombreux dessins distribués dans
les compartiments symétriques des quinze
bandes circulaires tracées sur l'ivoire, contient un abrégé des connaissances astronomiques et des croyances astrologiques
de la Chine. Chaque point de l'horizon s'y
présente avec le cortége d'espérances et
de craintes qui, pour les Chinois, en est
inséparable. M. *Klaproth* a consacré, dans
sa lettre, six pages à la description de ces
signes dont il déclare ignorer l'usage. Il
en a donné la gravure, ainsi que de deux
autres boussoles plus simples.

Les citations que vous venez de lire, et
ce lien intime établi, pour les Chinois,
entre les indications de l'aiguille aiman-

tée et tout un ensemble de convictions qui
leur est propre, suffisent pour couper court,
dans la question qui nous occupe, à toute
oiseuse discussion de priorité entre l'Europe
et l'Asie. Si la connaissance de la propriété directrice de l'aimant n'a pas en-
traîné, dans l'Orient, les conséquences
maritimes qui semblent en ressortir d'elles-
mêmes, cela tient à des circonstances
qu'il serait trop long de rappeler, mais cela
ne conclut pas contre l'existence de ces
connaissances.

Retournons en Europe, soit avec le père
et l'oncle Marco Polo en 1260, soit avec
Marco Polo lui-même en 1295. Nous sa-
vons qu'en parlant, vers ce temps, à nos
compatriotes, de la direction de l'aiguille,
nous ne leur apprendrions rien de neuf;
de là, sans doute, le silence de Marco Polo,
dans sa relation. Mais peut-être, puisque
nous voici parmi les navigateurs européens de la fin du treizième siècle, serez-
vous bien aises de remonter à la source

d'une tradition qui se rapporte à peu près à ce temps, et s'est perpétuée jusqu'à nos jours.

Cette tradition, consacrée par un vers latin du quinzième siècle (1) attribue à l'Europe l'invention de la boussole, et en nomme l'auteur. C'est d'après cette tradition que *Robertson* écrit, au livre Ier de son histoire de l'Amérique : *Flavio Gioia*, citoyen d'Amalfi, ville considérable du royaume de Naples, au golfe de Salerne, fit cette grande découverte vers l'an 1302.» Il se plaint ensuite que le silence ingrat des contemporains n'ait rien fait connaître du caractère particulier de cet Amalfitain, ni des circonstances qui l'avaient conduit à ce résultat.

Les vers de *Guyot*, l'extrait de *Jacques de Vitry*, les citations soi-disant aristotéliques, et certainement arabes de *Vincent*

_____

(1) « Amalfi, dit ce vers, a, la première, donné aux marins l'usage de l'aimant.» Ce vers est extrait d'un poème d'*Antoine de Palerme.*

de Beauvais et d'*Albert-le-Grand*, montrent assez que la direction de l'aiguille n'était plus à découvrir en 1302.

Polydore Virgile, en 1500, dans un livre spécialement consacré aux inventions célèbres, ne cache pas son admiration « pour cette *boîte* (en latin, *pyxis*) au moyen de laquelle les navigateurs se dirigent, » et il écrit : « On serait bien en peine de dire qui a fait cette découverte. » Il la met dans le chapitre des « Inventions anciennes ou modernes dont les auteurs sont restés inconnus. »

Marino Saluno, dans ses secrets de la foi, ouvrage de marino, composé en 1306, à trois ou quatre ans de l'année où *Robertson* place la découverte de Gioia, parle de l'aiguille *calamitée* ou aimantée, mais ne dit pas qu'elle soit d'un usage récent.

Quelques auteurs ont supposé que les Amalfitains avaient offert les premiers aux Européens l'exemple d'une aiguille aimantée pivotante. M. *Hager* veut qu'ils n'aient

fait, en cela, que transmettre ce qu'ils te-
naient eux-mêmes des Arabes ; ce que
ceux-ci avaient rapporté des mers de l'Inde,
et reçu, directement ou indirectement, de
la Chine. M. *Hager* explique cette transmission des Arabes aux Amalfitains, par
l'établissement des Arabes de Sicile, dans
la Pouille, au voisinage d'Amalfi.

La plus ancienne mention française de
la direction magnétique, en est aussi la
plus ancienne mention européenne; c'est
celle de Guyot. Guyot ne rapporte pas l'art
qu'il décrit comme nouveau, mais comme
infaillible. Il ne spécifie pas la nation à
laquelle appartiennent les marins qui pra-
tiquent cet art.

Les vers de Guyot appartenant aux dix
dernières années du douzième siècle, la
connaissance de la direction de l'aiguille,
peut être reculée au-delà de cette époque.

Quelle sera, dans cette occasion, la limite aux conjectures ? Cette limite, on la
peut chercher dans le silence absolu de

quelque savant recueil d'histoire naturelle, où la direction de l'aiguille ne manquerait pas d'avoir place, si elle était connue de l'auteur. Tel est, aux yeux de M. *Libri*, le silence d'Adélard de Bath, l'un des hommes les plus éclairés de son temps.

« Revenant de Salerne, dit Adélard dans l'un de ses dialogues, je rencontrai un philosophe qui discourait de médecine et d'histoire naturelle... cherchant par quelle force l'aimant fait venir à soi le fer. »

« Adélard qui avait tant voyagé, ajoute M. *Libri*, n'aurait pas manqué de parler ici de la direction de l'aimant, si elle eût été connue en Europe, de son temps. Il n'en parle pas non plus dans ses questions physiques. »

Reste, pour l'introduction de cette connaissance, l'intervalle d'*Adélard* à *Guyot*, c'est-à-dire de l'année 1115, environ, à l'année 1190.

Le plus ancien emploi que M. *Libri* ait

pu trouver de la dénomination de *Boussole,*
est dans le commentaire inédit de *François
de Buti,* sur le poème de Dante. L'aiguille
pivotante y est décrite, sans mention toutefois de la fleur de lys, ainsi que son aimantation ou *enivration,* répétée à chaque
observation :

« C'est donc, écrit le savant historien,
entre le commencement et le milieu du
quatorzième siècle, qu'il faut placer la suspension de l'aiguille. »

Cette date coïncide avec la tradition
amalfitaine. Il est à noter d'ailleurs que
le vers latin d'Antoine de Palerme ne
parle pas de la découverte de la direction
magnétique ; mais seulement de l'usage
plus facile ou plus commode de l'aiguille.
D'un autre côté, le mot de *boussole* semble prouver que c'est en Italie que l'on a
substitué, pour la première fois, la *boîte*
à l'aiguille flottante. Toutefois, M. *Klaproth* ne voit, en ce mot, qu'une altération
du mot arabe Mouassala ou Moussala, qui

signifie *dard*. Le changement de M en B
se retrouve, au treizième siècle, dans les
mots *Bousourman* pour musulman, *Back-
mout* pour Mahmout, et dans la célèbre
transformation de Mahomet en *Baphomet*.
Les Italiens, empruntant aux Arabes l'aiguille pivotante, avec son nom arabe,
n'auraient fait que donner un sens à ce mot
étranger et inconnu, en le confondant
avec un mot pris de leur propre langue,
relatif à la *boîte* qui porte le pivot.

De l'histoire de l'aiguille aimantée, revenons à cette aiguille elle-même. Nous
nous serions reproché de ne nous être pas
enquis de l'origine d'une connaissance
aussi précieuse ; et cependant vous le voyez,
cette recherche ne nous a conduits à aucune
de ces particularités qui, dans la biogra-
phie des découvertes, permettent d'en voir
germer et grandir l'idée première.

Nous avons vu que les diverses parties de
l'aimant ne se conduisaient pas de la même
manière, à l'égard des morceaux de fer doux,
à l'égard du fer en limaille ; que l'action
était plus vive de la part de deux côtés
opposés, de deux extrémités, et nulle vers
certains points intermédiaires. Nous avons
vu que les deux extrémités actives ne différaient pas dans leur action sur les morceaux de fer doux ou sur la limaille ; mais
qu'elles différaient beaucoup dans les relations d'un aimant à un autre. L'une et
l'autre de ces extrémités étant alternativement attirante et repoussante, selon l'extrémité qu'un autre aimant lui présentait,
il n'y avait pas moyen de lui affecter une
dénomination caractéristique. Enfin nous
avons trouvé entre ces deux extrémités
une différence distinctive, l'une d'elles se
tournant constamment vers le nord, et
l'autre vers le sud. Nous pouvons donc
appeler l'une d'elles : extrémité qui se
tourne vers le nord, ou pour abréger,

extrémité nord ; et l'autre, extrémité qui se tourne vers le sud, ou *extrémité sud*

Nous pouvons, de plus, nous assurer, par le rapprochement successif de plusieurs aimants que c'est entre l'extrémité sud d'un aimant et l'extrémité nord d'un autre, que l'attraction a lieu ; et que la répulsion a lieu soit entre deux extrémités sud, soit entre deux extrémités nord. En d'autres mots, ce sont les extrémités semblables, ou du moins celles que la direction des aimants mobiles nous fait regarder comme telles qui se repoussent, et les extrémités contraires, qui s'attirent.

Mais, dira-t-on, la direction constante de l'aiguille aimantée, cette direction dont nous avons fait jusqu'ici une propriété spéciale, ne serait-elle pas un autre exemple du même fait ? L'extrémité de l'aimant qui se tourne vers le nord ou celle qui se tourne vers le sud, ne se dirigeraient-elles ainsi que parce que, de ces côtés, se trouveraient les extrémités contraires de quelque puissant aimant ?

4

Cette conjecture est transformée en assertion formelle dans le titre même que le médecin anglais *William Gilbert* donnait, vers 1598, à son recueil d'expériences. « Sur l'aimant, les corps magnétiques *et le grand aimant, la terre.* »

Par ce seul mot, résumé des observations nouvelles auxquelles les pérégrinations de l'aiguille aimantée avaient donné lieu, du quinzième siècle au seizième ; par ce seul mot, les faits magnétiques se trouvent rattachés aux questions les plus générales de géographie, de géologie, d'astronomie, et une nouvelle carrière est ouverte aux recherches subséquentes.

Les extrémités nord et sud de la terre prennent, comme vous le savez, le nom de pôle ; de *pôle* nord ou *boréal* ; de *pôle* sud ou de pôle *austral.* Ce nom passe naturellement aux deux extrémités distinctives de l'aimant mobile. Seulement, comme entre les extrémités magnétiques, ce sont les extrémités contraires qui s'at-

tirent, on donne dans les livres de science,
le nom de pôle Austral à l'extrémité de
l'aiguille qui se dirige vers le pôle nord de la
terre, et celui de pôle Boréal, à l'extrémité
de l'aiguille qui se dirige vers le pôle sud.

La propriété directrice de l'aimant, ainsi
rattachée à l'existence de pôles terrestres
semblables et de pôles terrestres contraires, prend le nom de *polarité*. Combien
ces relations, jusqu'alors inaperçues entre
l'aimant et la terre, n'éveillent-elles pas
de conjectures ! Ces relations, nous allons
les voir s'offrir, tout à l'heure, à nous,
sous les formes les plus variées (1).

(1) Je ne puis passer plus longtemps sous silence la supposition au moyen de laquelle on expose les différents
phénomènes magnétiques que nous venons de voir. Ce te
supposition est celle de deux fluides invisibles et intangibles, pénétrant tous les corps magnétiques, aimantables
ou attirables, et ne pouvant abandonner ces corps. On distingue le cas où ces deux fluides sont unis, et dès lors neu-
tralisés l'un par l'autre, dans le fer doux, à l'état ordinaire,
par exemple, et celui où ces fluides sont séparés l'un de
l'autre. Dans le premier cas, aucune manifestation magnétique n'a lieu. Dans le second, chacun de ces fluides attire
le fluide contraire, et repousse le fluide pareil. Dans aucun

Nous venons de parler de la direction de l'aiguille, du nord au sud. Nous avons même transféré à ses extrémites directrices la dénomination consacrée aux extrémités terrestres. La réalité n'est pas tout à fait aussi simple. Il nous suffit d'un peu d'attention pour apercevoir que nous nous sommes trop hâtés d'affirmer que l'aiguille aimantée tourne une de ses extrémités vers l'étoile polaire. Observez-la, par rapport à cette étoile, vous la voyez se porter vers l'ouest. Cela fait tomber le lien que l'on voyait, au treizième siècle, entre cette étoile et la direction de l'aiguille. L'aiguille

---

cas, il n'y a transmission de fluide, d'un corps à un autre. Le mouvement du corps attiré ou repoussé, tient à son indissoluble union avec le fluide qui est en lui, attiré ou repoussé. Séparer les deux fluides contraires, existants dans un corps, c'est l'aimanter. En certains corps, tels que le fer doux, cette séparation est très-prompte; en d'autres, tels que l'acier, elle est très-lente. En certains corps, elle n'est que momentanée; dans le fer doux, par exemple, où elle cesse dès qu'il n'est plus dans la sphère d'action de l'un des fluides isolés de l'aimant. En d'autres corps, tes que l'acier, elle est persistante. Les physiciens expriment cette différence en disant qu'il y a dans l'acier, une *force coërcitive* plus grande que dans le fer doux.

s'écarte de la ligne du nord. Cet écarte-
ment prend le nom de *déclinaison* (1).

Le premier écrivain chinois que j'ai
cité, n'ignorait pas ce fait, au douzième
siècle de notre ère ; après avoir mentionné
dans les termes que vous avez lus, la
direction de l'aiguille aimantée, il ajou-
tait :

« Cependant elle s'écarte toujours vers
l'est (2) et n'est pas droite au sud. »

Les murs oriental et occidental de Pékin
sont orientés, non d'après le vrai sud,
mais d'après le sud de la boussole ; peut-
être est-ce une preuve de plus, du respect
religieux qui a fait résumer, aux Chinois,
autour de la merveilleuse aiguille, leurs
notions astronomiques et leurs supersti-

(1) Notre aiguille aimantée est-elle placée au milieu d'un
cercle divisé, selon l'habitude, en 360 parties égales ou 360
degrés, vous voyez la pointe qui marque le nord se porter
d'environ 22 degrés vers l'ouest ; or, comme on dit, dé-
cliner de 22 degrés. En était-il autrement du temps de
Guyot ?

(2) Nouvelle différence, pensez vous.

tions. Ces murs attestent une déclinaison de 2° 30'.

La remarque de la déclinaison, remarque dont on faisait honneur au seizième siècle, se trouve indiquée, en Europe, avant ce siècle, sur une figure de boussole dessinée dans un manuscrit italien de la Bibliothèque de l'Arsenal; sur la carte exécutée à Venise en 1436 par *André Bianco;* et dans une ancienne carte allemande de la Bibliothèque nationale, également du quinzième siècle.

⸻

Vous venez de voir que la manière dont l'aiguille s'écarte de la ligne méridienne, n'est pas la même, d'un lieu à un autre. A Pékin l'aiguille, décline vers l'est, ou, du moins, déclinait, lors de la rédaction de l'histoire naturelle citée ci-dessus et lors de la construction du mur d'enceinte; tandis qu'à Paris, présentement, sinon au temps de Guyot, elle décline vers l'ouest. Quand cette variation dans la déclinaison fut-elle remarquée, pour la première fois? Ce dut être dans les premières grandes expéditions portugaises et espagnoles.

C'est à cette variation dans la déclinaison et non à la déclinaison elle-même, que se rapporte lamémorable observation de *Christophe Colomb*, dans l'Océan. Voici les propres termes dans lesquels son fils *Fernando* raconte le fait :

« A cent cinquante lieues de l'ile de Fer, ils virent dans la boussole, la nuit du 13 septembre 1492, que l'aiguille avança t plus qu'à l'ordinaire vers le nord, *ce qui leur fit connaître* qu'elle ne s'arrêtait pas juste à l'étoile polaire, mais à un autre point invisible et fixe. Ce mouvement surprit l'amiral qui fut étonné bien davantage, trois jours après, ayant fait cent lieues plus avant, quand il vit que, la nuit, elle allait encore plus vers le nord, et que, le matin, elle s'arrêtait au point

de l'étoile polaire, ce qui est un mouvement que personne n'avait jamais remarqué. »

D'après ce passage emprunté à une traduction française de 1681, la variation de
la déclinaison eût conduit à remarquer la
déclinaison elle-même. Colomb et ses
compagnons de route auraient vu les premiers l'aiguille tournée droit vers le nord,
et sans déclinaison aucune. Il n'est pas
dit, au reste, si la variation avait lieu de
l'est ou de l'ouest, en d'autres mots, si la
déclinaison préexistante était alors, en
Europe, comme nous le voyons, vers
l'ouest, ou bien, comme en Chine, vers
l'est.

Cette variation de la déclinaison, d'un
lieu à un autre, une fois reconnue, il était
de la plus grande importance, pour l'usage
nautique de la boussole, qu'elle fût connue
à l'avance, constatée par des observations
multipliées. Les premières tables un peu

précises furent dressées, vers 1590, en
Hollande, par *Simon Stevin.*

On appelle aiguille de déclinaison, une
aiguille aimantée, pivotante, horizontale,
au milieu d'un cercle gradué et pourvu
d'accessoires qui permettent d'obtenir,
pour ainsi dire, superposée à la ligne de
l'aiguille, la ligne méridienne astronomique, et de constater leur coïncidence, ou
de mesurer l'angle qui les sépare, lequel
est la déclinaison même.

L'observation a montré qu'il y a des
lieux sur la terre, où la méridienne
magnétique coïncide exactement, telle que
Colomb paraît l'avoir vue, avec la méridienne astronomique, c'est-à-dire où
l'aiguille marque le vrai nord et le vrai
sud, c'est-à-dire encore où la déclinaison
est nulle. Ces lieux forment ensemble ce
qu'on appelle une *ligne sans déclinaison.*

Les lignes de cette espèce qui ont pu
être reconnues jusqu'à présent, offrent
des inflexions très-irrégulières. On a

trouvé qu'il existait une *ligne sans déclinaison* dans l'océan Atlantique, entre l'ancien et le nouveau monde, laquelle coupe
le méridien de Paris vers 65 degrés de
latitude australe, remonte de là au nord-
ouest jusqu'au trente-cinquième degré de
longitude, puis devient presque nord et
sud, et longe les côtes du Brésil. Une autre
ligne sans déclinaison, opposée à la première, dans l'océan Austral, au sud de la
Nouvelle-Hollande, se partage en deux
autres près du Grand-Archipel : L'une qui
remonte jusque dans la Laponie; l'autre
qui se dirige vers la partie orientale de la
Sibérie. On a trouvé, de plus, des traces de
ligne sans déclinaison dans l'océan Pacifi-
que, près des îles des Amis et de la
Société. D'un autre côté, l'on a trouvé,
dans l'hémisphère austral, des déclinaisons qui vont jusqu'à 90 degrés, c'est-à-
dire que, dans ces points, l'aiguille aimantée, au lieu de se diriger du nord au sud,
tend directement de l'est à l'ouest, faisant

un angle droit avec la ligne méridienne
astronomique.

On crut longtemps que la déclinaison
était invariable pour chaque lieu. « La
variation de chaque lieu est constante,
écrit *Gilbert* (livre IV, chap. III). »

Il ajoute, l'attribuant à l'élévation des
terres :

« Elle est immuable pour toujours, à
moins d'un abaissement des terres, pareil
à celui de l'Atlantide. »

L'expérience a fait reconnaître le contraire. Un Anglais, *Gunter*, observant la
déclinaison de l'aiguille aimantée à Londres, en 1622, la trouva, d'environ 6 degrés, moindre que celle qu'un autre
Anglais, *Robert Norman*, avait observée
quarante-deux ans auparavant, en 1580.
Il voyait l'aiguille dévier de 6 degrés 13
minutes vers l'est. Norman l'avait vu

dévier de ce même côté, mais de 11 degrés
15 minutes. Un observateur aussi attentif
avait-il commis une erreur aussi considérable, ou bien, avec le temps, la déclinaison variait-elle dans le même lieu? Les
observations subséquentes ont donné
raison à cette dernière conjecture.

Il résulte d'un tableau publié par
M. *Pouillet* (1), des déclinaisons observées
à Paris, de 1580 à 1829, que, dans cet intervalle, la décliniason y a varié de plus
de 30 degrés. Elle était, en 1580, de 11
degrés 30 minutes, vers l'est; et, en 1829,
de 22 degrés 12 minutes, vers l'ouest.

Il résulte, en outre, de ce tableau, qu'en
1663 la déclinaison était nulle à Paris; que
la boussole y marquait le nord vrai; que
la marche de l'aiguille a été ensuite sensi-
blement progressive vers l'ouest jusqu'en
1820; que, depuis cette année, elle éprouve
un mouvement en sens inverse, et rétro-
grade vers l'est.

(1, Tome 1er de ses *Eléments de physique expérimentale*.

Il importe, au reste, de consigner exactement le moment où l'observation a lieu,
car les différentes heures du jour ne donnent pas tout à fait le même résultat.

Nous arrivons ainsi à des variations qui
ont, plus récemment, attiré l'attention des
observateurs et qui paraissent avoir été
notées, pour la première fois, en 1722, par
Graham. Ces variations consistent, en Europe, en ce que l'extrémité qui marque le
nord, marche, tous les jours, de l'est à
l'ouest, depuis le lever du soleil jusqu'à
une heure après midi, et retourne ensuite
vers l'est. L'étendue de ces mouvements
est plus grande en été qu'en hiver. Leur
valeur moyenne, d'avril à septembre, est
de 13' ou 15', et seulement de 8' à 10'
d'octobre à mars. Dans les caves de l'Ob-
servatoire de Paris, à plus de 80 pieds sous
terre, le mouvement diurne de l'aiguille
est le même qu'à la surface du sol, et a
lieu aux mêmes heures.

On emploie, pour ces observations, une

aiguille suspendue par un fil de soie simple, dans une cage de verre; les mouvements sont observés sur un cercle gradué,
à l'aide de lunettes fixes.

Ces variations diurnes ne sont pas les
mêmes, d'un lieu à un autre. Dans le
nord, elles sont plus considérables et moins
uniformes; elles n'ont pas lieu aux mêmes
heures. Dans l'hémisphère austral, elles
ont lieu, en sens inverse; l'extrémité qui
marque le nord, y marche vers l'est, à
l'heure où dans l'hémisphère boréal, elle
marche vers l'ouest.

A ces variations diurnes, il faut joindre
des *variations annuelles* découvertes par
Cassini, et qui paraissent se rattacher aux
positions successives du soleil, par rapport
à la terre. D'avril à juillet, l'extrémité
nord de l'aiguille se porte vers l'est; dans
les neuf mois suivants, sa marche générale est vers l'ouest.

Outre ces mouvements réguliers, et
périodiques, l'aiguille en éprouve qui sont

brusques et irréguliers ; ces mouvements,
que l'on distingue sous le nom de *pertur-
bations*, coïncident le plus souvent avec
l'apparition des *aurores boréales*. Ainsi,
pour n'en citer qu'un exemple, le 13 no-
vembre 1825, M. *Kupffer*, à Kasan, et
M. *Arago*, à Paris, observaient une per-
turbation pareille, dans l'aiguille magnétique. Au même moment, une aurore
boréale avait lieu, visible dans le nord de
l'Ecosse.

Il est une autre particularité que l'usage
de nos aimants nous permet de découvrir
nous-mêmes. Voyez, par exemple, ce barreau d'acier aimanté, d'un diamètre parfaitement uniforme ; suspendez-le à un
fil, par le milieu. Elevez le fil : Le barreau
s'abaisse d'un côté, et se lève, de l'autre.
Notre œil nous trompait-il en affirmant
que ce barreau était exactement du même
calibre, dans toute sa longueur?

Suspendons cette aiguille d'acier à un
fil, par son centre de gravité; la voici
parfaitement horizontale. Aimantez-la,
puis élevez, de nouveau, le fil qui la
tient.

Elle n'est plus horizontale.

Prenons une autre aiguille, fixons-la,
comme les Chinois, au fil, à son centre de
gravité, avec un peu de cire; la voici parfaitement horizontale. Aimantez-la; elle
cesse de l'être. D'où vient, cette fois, que
l'équilibre est troublé?

Nous pouvons répéter cet essai sur une
lame d'acier. Vous voyez, après l'aimantation, cette lame replacée sur son pivot,
n'y plus conserver l'équilibre.

Dans tous ces exemples, c'est l'extrémité marquant le nord qui s'abaisse au-
dessous de l'horizon (1).

_____

(1) Pour y remettre le centre de gravité à sa place, il nous
suffit de désaimanter cet acier; par exemple, en le faisant
rougir au feu. Nous pouvons supposer qu'une extrémité de
l'acier est, dans ce cas, en présence d'une extrémité magnétique contraire, laquelle l'attire; que l'acier est au-dessus
d'un aimant.

Les constructeurs d'instruments magnétiques s'en prirent d'abord, sans doute,
bien des fois, à leur inhabileté, de ces
lérangements d'équilibre, et rétablirent
l'équilibre par un contrepoids. Un autre
fait vint les éclairer. On s'aperçut qu'une
aiguille aimantée parfaitement horizontale, celle même dont le centre de gravité
avait été pris après l'aimantation, ou bien
encore dont on avait, au moyen d'un contrepoids, rétabli l'horizontalité, la perdait
et inclinait de plus en plus du côté du
nord, à mesure qu'elle était portée par les
navigateurs, vers ce côté ; il fallait ajouter
un contrepoids à l'aiguille qui n'en avait
pas au départ ; changer celui de l'aiguille
qui en avait un ; augmenter ces contrepoids de distance en distance, et les dimi-
nuer, au retour (1). On attribuait ce résultat au voisinage de quelques mines de fer.

(1) Dans les cou tes et légères aiguilles de Chinois, l épa s-
seur plu grande de l'acier autou du point de suspension,
suait pour maintenir l'horizontalité.

Robert Norman, constructeur d'instruments de physique à Londres, rejeta cette opinion, vers 1576. Ce fait, accepté jusque-là pour une irrégularité accidentelle et passagère, lui parut avoir la même constance, la même généralité, les mêmes causes, que la polarité même de l'aimant.

Pour que cette tendance jusqu'alors inobservée de l'aimant, eût toute la liberté possible ; pour que l'aiguille ou la petite lame d'acier aimantée pût se mouvoir, sans obstacle, de haut en bas et de bas en haut, il fallait, au lieu du pivot vertical, qu'elle reposât, percée, pour cela, par le milieu, d'outre en outre, sur un petit essieu horizontal. Joignez à cette aiguille un cercle gradué vertical, semblable au cadran d'une pendule ; supposez ce cercle muni de deux loupes mobiles qui permettent de mesurer, à une tierce près, l'angle que fait la pointe de l'aiguille avec la ligne horizontale. Vous avez l'appareil qu'on appelle une *aiguille d'inclinaison.*

A Paris, l'inclinaison est d'environ 70 degrés; et c'est l'extrémité nord qui plonge au-dessous de la ligne horizontale. Si, partant de Paris, nous avançons vers le nord, nous voyons l'inclinaison augmenter, au fur et à mesure. Enfin, nous arrivons à certain endroit, au milieu des glaces où l'aiguille forme, avec le plan de l'horizon, un angle de 90 degrés, un angle droit; où l'aiguille, au lieu d'être horizontale, est tout à fait verticale. Cet endroit est ce que l'on nomme le *pôle magnétique boréal*. Ce pôle, d'après les expéditions récentes, loin de se confondre avec le pôle boréal proprement dit, en est à plusieurs centaines de lieues. On conjecture qu'il existe, dans les régions septentrionales, deux pôles de ce genre.

Si, partant de Paris, nous nous dirigions, au sud, nous verrions l'effet contraire. L'inclinaison diminuerait graduellement; l'aiguille se rapprocherait de plus en plus de la position horizontale; enfin, nous arriverions à un endroit où l'horizontalité de l'aiguille serait parfaite. En tel point qu'il nous arrivât de traverser les régions équatoriales, nous rencontrerions un endroit où l'inclinaison serait nulle. Les différents points de la terre où ce fait se reproduit, forment ensemble ce que l'on appelle une *ligne sans inclinaison.*

Passons-nous au sud de l'un de ces points : Nous voyons l'horizontalité de l'aiguille, détruite. L'inclinaison recommence, mais en sens inverse. Cette fois, c'est l'extrémité sud qui s'abaisse. Cette inclinaison nouvelle augmente, à mesure que nous avançons vers le sud; et, bien que l'observation directe ne paraisse pas pouvoir être faite, on suppose, par analogie, qu'en pénétrant au milieu des glaces australes, beaucoup plus étendues que les glaces boréales; on arriverait à un ou plusieurs endroits où l'extrémité sud de l'aiguille ferait, avec le plan de l'horizon, un angle de 90°, un angle droit; où l'aiguille renversée, l'extrémité nord en haut serait de nouveau verticale; en un mot qu'il existe *un pôle magnétique austral*. La plus grande inclinaison australe a été observée par le capitaine *Cook* à 60° 40' de latitude et 93° 45' de longitude orientale; elle était de 43° 45'.

La bande circulaire que forme, autour du globe, la suite des lieux sans inclinaison, a reçu le nom d'*équateur magnétique* (1). Cette bande circulaire est régulière dans une partie de son circuit. Dans cette partie, elle suit la direction d'un cercle qui serait incliné sur l'équateur proprement dit, de 12 à 13 degrés, et qui le couperait, d'une part, à l'ouest de la côte occidentale d'Amérique, vers l'île Galego, et d'autre part, vers la côte occidentale d'Afrique, dans l'Atlantique. Mais des

_____

(1) Il paraît résulter des observations de M. *Freycinet*, que ce n'est pas l'équateur proprement dit, mais l'équateur .... qui sépare la *zone des variations diurnes* .... *zone des variations diurnes australes.*

observations répétées indiquent, en même
temps, dans l'Equateur magnétique, entre
les îles Sandwich et les îles des Amis, des
sinuosités nombreuses. On conjecture que
cet Equateur s'avance, d'année en année,
de l'est vers l'ouest; du moins les points
de coïncidence de cet Equateur avec l'équateur proprement dit, paraissent avoir
varié, dans ce sens, depuis les observations
de *Cook.*

La comparaison des observations successives de l'inclinaison, atteste, dans cette
direction de l'aiguille aimantée, une
variation analogue à celle que la déclinaison éprouve, dans le même lieu. Le
tableau de ces observations montre qu'à
Paris l'inclinaison a toujours été en diminuant, depuis 1675; de 1798 à 1829 elle a
diminué de près de trois degrés.

———

Nous venons de voir l'aiguille aimantée
affecter, en chaque lieu, une direction,

constante jusque dans ses variations jour-
nalières ou annuelles, d'une part, par
rapport à la ligne méridienne ou du nord
au sud ; de l'autre, par rapport au plan
de l'horizon. Ecartez soit une aiguille à
pivot vertical ou de déclinaison, soit une
aiguille à pivot horizontal ou d'inclinaison ; écartez, dis-je, une aiguille aimantée,
de sa direction constante, vous la voyez y
revenir, la dépasser, l'atteindre et la dépasser encore, enfin s'y arrêter après
l'avoir ainsi, dans ses oscillations régulières, dépassée plusieurs fois.

Les voyages scientifiques de M. de
Humboldt ont appris que le nombre de ses
oscillations n'était pas égal pour tous les
lieux ; qu'il augmentait à mesure qu'on
s'éloignait de l'équateur vers les pôles.
Ainsi l'aiguille d'inclinaison, qui au Pérou
fait 211 oscillations, en dix minutes, en
fait à Paris 245. Cette découverte a été
confirmée par les observations du capitaine
Parry et de M. *Freycinet*. La vitesse avec

laquelle l'aiguille aimantée, écartée de sa position fixe, y revient, prend le nom d'*intensité magnétique* (1).

L'étude de l'intensité magnétique est à compter, comme celle de la déclinaison et de l'inclinaison, outre les délicates recherches auxquelles les progrès et la curiosité croissante de la science astreignent désormais les voyageurs.

« Pourquoi trouvons-nous les observations magnétiques si multipliées sur les mers et en si petit nombre sur les continents, écrivait *Buffon* dans son *Traité sur l'aimant* (2); c'est que ces observations ne

---

(1) Dans son ascension en ballon, Gay-Lussac à constaté que l'aiguille de déclinaison, à 3032 mètres de hauteur, et l'aiguille d'inclinaison, à 3363 mètres, écartées de leur position, y revenaient d'elles-mêmes, en présentant le même nombre d'oscillations, dans le même temps, qu'à terre. Ainsi l'intensité de l'action magnétique ne subit pas de diminution, aux plus grandes hauteurs auxquelles l'homme puisse s'élever.

(2) Ce traité renferme, entre autres expériences curieuses, celles que tenta de 1763 à 1787 l'abbé *Le Noble*, pour déterminer l'effet de l'application des aimants, sur certaines affections nerveuses. « L'action de l'aimant (écrit, à ce

sont pas nécessaires pour voyager sur
terre, mais que les navigateurs ne peuvent
s'en passer. Néanmoins, il serait très-utile
et plus facile de les multiplier sur terre.
Sans ce travail, auquel on doit inviter les
physiciens de tous les pays, on ne pourra
jamais faire une théorie complète sur les
grandes variations de l'aiguille aimantée. »

M. *de Humboldt* pénétré, comme Buffon,
de l'importance philosophique des questions
de physique générale qu'un pareil travail
d'observation locale peut seul résoudre,
s'est efforcé, de tout son pouvoir de faire
surgir, sur le plus grand nombre de points
possible, des pavillons construits sans fer-
rure, semblables à celui dans lequel, après
son retour à Berlin, il se livra lui-même,

sujet, *Buffon*\ qui, d ns ce cas, est calmante et engourdis-
sante, semble fixer, pour un tem s, le mouveme..t trop
rapide ou déréglé des *torrents de ce fluide électrique* qu,
l rsqu'il est trop abondant ou bien irrégulièrement réari,
dans le corps animal, en irrite les organes et l'agite par des
mouvements convulsifs. »

avec une rare patience, à l'observation des variations horaires de la déclinaison.

« Je n'ai fait, écrit-il, qu'accomplir les vœux de M. *Arago*, en profitant de mes loisirs et de mes voyages pour établir un cours d'observations simultanées d'heure en heure, de jour et de nuit, pendant trente-huit heures consécutives. »

L'exemple et le conseil ont porté leurs fruits. Il existe actuellement dans toutes les parties du monde des observatoires, munis d'instruments de précision, où des hommes compétents relèvent et notent d'après un plan méthodique les observations magnétiques et météorologiques de chaque jour.

Revenons aux oscillations de l'aiguille aimantée. M. *Arago*, découvrit, en 1824, en les observant, un fait totalement nouveau.

Soit une aiguille suspendue à un fil vertical ; écartez-la, de 53°, de sa direction ordinaire, changez-la successivement de

place, et voyez combien il lui faut de
temps, à chaque place, pour que l'arc que
dessinent les oscillations, soit raccourci de
10°. Il lui faut toujours le même temps.
Voyez, maintenant, s'il faut partout le
même nombre d'oscillations, pour ce raccourcissement de 10° : — Vous trouvez
des différences très-sensibles. Ici, pour ce
raccourcissement, l'aiguille fait 50 oscillations; ailleurs, elle n'en fait pas 25; il
semble qu'elle se meuve dans un air plus
dense, plus résistant.

Prenons un exemple : A 52 mètres au-
dessus de l'eau, l'aiguille fait 60 oscillations avant que l'arc de ses oscillations,
soit ramené de 53° à 43°; qu'elle soit à 65
centimètres de l'eau, l'arc est ramené de
53° à 43°, en 30 oscillations.

Que de l'eau solide, de la glace soit sub-
stituée à l'eau liquide; à 52 mètres de distance, l'aiguille fait 60 oscillations, avant
que leur amplitude soit réduite de 53° à 43°.
A 65 centimètres de distance, les dix de-

grés de diminution ont lieu en 26 oscillations.

Dans un autre essai, une autre aiguille est écartée, de 90°, de sa position ; comptez combien elle fait d'oscillations avant que l'arc n'ait plus que 40°. — Vous voyez qu'à 4 mètres de distance d'un plan de verre, elle fait 220 oscillations ; à 91 centimètres du même plan de verre, elle n'en fait que 122.

Avec les métaux, les effets sont bien plus frappants encore ; vous pouvez en faire l'essai en faisant osciller l'aiguille alternativement à distance et à proximité de quelque surface de cuivre.

Dans ces expériences, une aiguille aimantée *en mouvement* était chose étonnante ! arrêtée par un corps *en repos* ; l'inverse ne pouvait-il pas avoir lieu ? Un plein succès justifia cette conjecture de M. Arago.

Qu'une vitesse de rotation même assez faible soit imprimée à une plaque

métal, au voisinage d'une aiguille aimantée, suspendue, par le milieu, à un fil,
dans une cage de verre, l'aiguille est dé-
tournée de sa position. Que le mouvement
du métal soit lent et uniforme, l'aiguille
se fixe dans une nouvelle position. Que le
mouvement soit plus rapide, qu'il soit
assez rapide pour que l'aiguille soit
déviée de plus de 90°, elle est entraînée ;
elle décrit un cercle entier, et continue ce
mouvement circulaire avec une vitesse
qui va en augmentant, jusqu'à ce que la
plaque métallique s'arrête. Un disque de
cuivre, épais de 2 millimètres, mu avec
une vitesse de 4 à 5 tours par seconde fait
ainsi tourner, à la distance de plus de 3
centimètres, un barreau aimanté d'une
longueur à peine moindre que le diamètre
du disque métallique.

Je ne puis qu'indiquer ces mémorables
expériences ; je n'ai pas besoin de vous
dire à quelles conjectures elles conduisent.

Plus nous avançons, plus le rôle des sin-
gularités magnétiques s'agrandit. Sans
aborder ici la question de leur connexion
éloignée ou prochaine avec l'ensemble
astronomique auquel le globe terrestre
appartient, nous en avons assez vu, sur les
relations des aiguilles aimantées et de la
terre, pour oser demander au *grand
aimant* de W. Gilbert, d'où vient l'aimantation de l'aimant lui-même.

Qu'est-ce que l'aimant? — Un oxyde de
fer, nous répond le chimiste, un oxyde
dans lequel l'oxygène entre pour 28 parties, environ, en poids, sur cent, et le fer,
pour 72. — Qu'est-ce que l'acier? — Du
fer combiné avec une légère proportion de
charbon ou carbone.

Une aiguille d'acier n'attire pas la
limaille, ne s'applique pas au fer, ne se
dirige pas du nord au sud, ne décline pas,
n'incline pas, à moins qu'elle n'ait été
soumise à une certaine position, par rapport à un aimant. Et un oxyde de fer, un

oxyde composé même de 28 parties d'oxygène sur 72 de fer, attire-t-il la limaille,
se dirige-t-il, décline-t-il, incline-t-il,
sans avoir été astreint à une certaine
position par rapport à un aimant ? — Non,
sans doute, il est aimantable, comme
l'acier; mais il n'est pas aimanté.

Si l'oxyde de fer magnétique doit son
aimantation à cette circonstance « qu'il
s'est trouvé dans la sphère d'action d'un
aimant caché et qu'il avait par sa consti-
tution mécanique, à un haut degré,
comme l'acier, ce que les physiciens appel-
lent la *force coërcitive,* » ne peut-il pas
arriver que, par des circonstances analogues, l'acier ou le fer battu soient de même
transformés en aimant, sans que rien
nous en avertisse ? Nos mains et nos yeux
ne sauraient distinguer l'aiguille aimantée
de celle qui ne l'est pas. Force nous est
d'appeler ici à notre secours la limaille de
fer, ou, mieux encore, une aiguille aimantée suspendue à un fil de soie simple. Cette

aiguille sera, pour nous, comme une sorte
de tact magnétique.

Qu'une barre de fer doux, tenue horizontalement, ou bien encore parallèlement à
l'aiguille aimantée libre, soit mise en présence de notre petite aiguille d'épreuve.
Elle l'attire par ses deux extrémités. Que
la même barre soit tenue verticalement ;
elle attire une des extrémités de l'aiguille
et repousse l'autre. Par le seul fait de la
position verticale, elle a les deux extrémités magnétiques contraires ; elle est un
aimant. Renversez-vous cette barre rapidement, ses pôles sont renversés. L'extrémité de l'aiguille, que l'extrémité supérieure de la barre attirait, c'est encore,
après le renversement de la barre, l'extrémité supérieure qui l'attire. L'autre extrémité, du moment qu'elle est en bas, la
repousse.

Voilà donc le fer doux devenu un aimant
à pôles mobiles et changeants. C'est, du
reste, un aimant sans persistance ; sa

position verticale détruite, la polarité
cesse. C'est précisément ainsi, avons-nous
vu, que le fer doux se conduit dans la
sphère d'action d'un barreau aimanté ou
d'un aimant naturel. Dans ce cas, où peut
être l'aimant, sinon dans la terre? La dis-
tinction des fluides, qui se portent en haut
et en bas de cette barre de fer doux, dis-
tinction facile à faire par la simple approche, soit du pôle boréal, soit du pôle
austral de notre aiguille, nous peut dire
quelle est l'extrémité magnétique sous
l'influence de laquelle est le fer doux,
dans sa position verticale.

Cette barre de fer doux, tenue verticalement, frappez-la avec un marteau, à
l'une ou à l'autre de ses extrémités. La
voilà changée en aimant à pôles fixes.
Même dans la position horizontale, vous la
voyez attirer, par un bout, l'extrémité de
l'aiguille qu'elle repousse, par l'autre
bout.

Cette barre, frappez-la, dans la position

inverse. Ses pôles sont renversés. Vous
pouvez ainsi les changer autant de fois
que vous voulez. Cette aimantation à
coups de marteau, n'a souvent d'effet que
pendant quelques jours. M. *Scoresby* s'est
assuré que l'effet n'est pas le même si la
barre de fer frappée est appuyée sur une
pierre ou sur du fer doux. Dans ce dernier
cas, elle s'aimante plus fortement. La
barre qui, après deux coups de marteau,
se chargeait, à son extrémité, de 30 grammes de limaille, en portait 400 dans le
second cas.

Le choc produisait ainsi, dans ce fer,
l'état mécanique qui constitue la force
coërcitive.

La position verticale est celle des barres
de fer en maint édifice. Que le choc les ait
préparées à conserver l'état magnétique
résultant de la position verticale, ces
barres offriront, comme le fer oxydé, des
mines, des *aimants durables* dont les propriétés magnétiques seront dues à l'action

de l'aimant terrestre. C'est sur une barre
de fer de ce genre, qu'un chirurgien de
Rimini observa, en 1590, la transformation du fer en aimant; cette barre avait
soutenu des constructions en brique, sur
la tour d'une des églises de cette ville.
En 1630, *Gassendi* fit la même observation
sur la croix d'un clocher d'Aix, abattue
par la foudre; il en trouva le pied, cou-
vert de rouille, doué des propriétés de
l'aimant.

Dans les ateliers de serruriers, de tail-
landiers, de couteliers, on ne voit, écrivait
Réaumur (1), qu'outils aimantés. Presque
tous ceux dont ces ouvriers se servent pour
couper ou percer le fer à froid, comme
ciseaux, forets, poinçons, se chargent de
limaille quand on les en approche; il y en
a même qui enlèvent de petits clous. — En
général, ajoute ce physicien, on étudie
trop la physique dans son cabinet. » Il
raconte que, dans le cours de ses essais

(1) *Mémoire de l'Académie des sciences*, pour 1723.

relatifs à *l'aimantation de l'acier sans
aimant,* il avait par hasard placé, sur une
enclume, les petits morceaux de fer avec
lesquels il essayait la force de ses aciers
aimantés. Ayant mis sur sa main l'un de
ces morceaux de fer qui venait d'être
attiré sur l'enclume, l'acier n'eut plus la
force de l'attirer; même résultat sur du
bois, de la pierre; mais aussitôt que le
morceau de fer fut replacé sur l'enclume,
l'acier l'enleva comme auparavant.

D'autres expériences apprirent au même
observateur que, sur l'enclume, l'acier
aimanté enlevait plus du double de ce qu'il
enlevait sur une lame de fer plate.

« Pour aimanter des fils de fer sans
aimant, écrit M. *Pouillet,* il suffit d'en
couper trente ou quarante bouts de la longueur de 30 centimètres, par exemple, et,
on les tenant verticalement, de les tordre
sur eux-mêmes un à un, jusqu'à les rendre raides et cassants : chacun d'eux reste
fortement magnétique. On les réunit avec

du laiton pour en faire deux faisceaux avec lesquels on aimante les plus grands barreaux d'acier... Pour aimanter sans aimant une barre d'acier, il suffit de la frotter, toujours dans le même sens, avec une barre de fer tenue verticalement. »

Le fer n'est pas le seul métal où les faits magnétiques aient été observés, le nickel, le cobalt, le chrôme, présentent des faits analogues. Selon leur état, soit par adjonction d'éléments étrangers, soit par traitement mécanique, ils se conduisent tantôt comme le fer doux, tantôt comme le fer battu, carboné ou oxydé. Un autre métal, le manganèse, est attirable à l'aimant comme le fer, mais seulement quand il est refroidi de 15 à 20° au-dessous de zéro.

Coulomb, dont il faut lire les Mémoires si l'on veut voir les expériences magnétiques reproduites avec toute la rigueur qu'elles comportent, *Coulomb* annonça, en 1812, qu'au moyen de précautions délicates, toutes les substances connues, organiques ou inorganiques, agissaient à la manière d'une aiguille aimantée. Il lui suffisait de faire de ces substances de petites aiguilles de 6 à 8 millimètres de long, suspendues horizontalement à un fil de coton simple, entre les pôles contraires de deux forts barreaux d'acier aimanté; ces aiguilles prenaient toutes une direction fixe.

Après ce que nous venons de voir de l'aimantation sans aimant, il est temps de parler de l'aimantation au moyen des aimants.

Nous connaissons les effets du contact prolongé de l'acier ou du fer battu, et d'un aimant naturel et artificiel, ainsi que les effets des frictions, soit immédiates, soit à distance, répétées d'un bout à l'autre de l'aimant et toujours dans le même sens. Mais si l'action des aimants sur les corps aimantables, consiste, pour chaque extré-

milé de l'aimant, à constituer l'extrémité
qui lui fait face, à un état magnétique
contraire au sien, il est évident que de
passer le corps à aimanter sur toute la longueur de l'aimant, c'est détruire, en partie, le résultat cherché.

On évite cet inconvénient en promenant
le corps à aimanter, du milieu de l'aimant
à l'une de ses extrémités, avec le soin de
l'enlever alors et de le reporter au milieu,
pour le promener, de nouveau, dans le
même sens : c'est ce qu'on appelle la *simple touche.*

Quand le barreau à aimanter est plus
gros, ou bien que les aimants dont on
peut disposer sont moins forts, on a re-
cours à la *double touche.* Le barreau ou
l'aiguille à aimanter sont tenus fixes et
horizontalement; et deux aimants sont
employés, verticalement ou bien inclinés
chacun d'une trentaine de degrés, posés;
en outre quant à leurs pôles, en sens
inverse. On agit avec chacun d'eux comme

dans la simple touche ; c'est-à-dire que
chacun d'eux est promené, du milieu de
l'aiguille ou du barreau à aimanter, vers
son extrémité ; puis enlevé, reporté au
milieu et promené, de nouveau, dans le
même sens.

L'expérience a montré qu'il était avan-
tageux de faire reposer le barreau à aimanter, par ses deux extrémités, sur un barreau de fer doux. Dans une autre dispo-
sition plus favorable encore, deux barreaux
d'acier à aimanter sont placés parallèlement, rejoints entre eux, à leurs extrémités, par l'interposition d'une barre de
fer doux. On aimante d'abord l'un de ces
barreaux par le procédé de la double touche, alternativement sur ses deux faces ;
on en fait ensuite autant pour l'autre, en
ayant soin d'agir sur lui avec les pôles in-
verses des aimants. Cette méthode porte le
nom de *Duhamel*.

« Enfin pour aimanter, autant qu'ils
peuvent l'être, de très-gros barreaux, on

emploie, écrit M. *Lamé*, la méthode d'*Æpinus*, la plus énergique de toutes. Le barreau à aimanter est appuyé par ses extrémités, sur les pôles opposés de deux aimants naturels ou artificiels très-puissants. On promène ensuite sur toute sa longueur et dans les deux sens, les pôles contraires de deux autres aimants encore très-forts, constamment séparés par un cube de bois qui voyage avec eux. »

Nous avons vu tout à l'heure que les morceaux de fer sont plus sensibles, à l'action de l'aimant, au-dessus d'une enclume. On avait aussi remarqué que les propriétés attractives semblaient s'accroître dans les aimants chargés de limaille de fer; de là aux armures, il n'y avait qu'un pas. Vous avez pu voir, dans les galeries minéralogiques, plusieurs pierres d'aimants garnies, sur le côté, de lames de fer qui, repliées en équerre par le bas, soutiennent un morceau de fer (le *portant*) auquel pend un crochet qui attend une

charge de 25, de 50, de 100 kilogrammes
peut-être; c'est cet entourage partiel, en
fer, que l'on appelle *armure*. On donne
aux lames latérales 4 millimètres d'épaisseur; l'épaisseur des reploiements infé-
rieurs doit varier, selon la force de l'aimant.

Les petits aimants artificiels supportent,
à proportion, des poids beaucoup plus considérables. Un fait digne de remarque,
c'est qu'un aimant du port de 20 kilogrammes, chargé, de jour en jour, d'un
petit poids, ira jusqu'à en porter 40. Vient
enfin le moment où la moindre addition
fait tomber le portant : Replacez-le sous
l'aimant, il ne peut plus soutenir que 20
kilogrammes; cependant, avec le temps,
il recommence à porter, peu à peu, davantage.

On réunit souvent, par des ligatures de
cuivre, plusieurs barreaux aimantés en un
seul faisceau, en mettant ensemble les

pôles semblables. L'expérience a montré
qu'il est bon que, dans chaque faisceau,
la barre du milieu dépasse les autres de
quelques millimètres. On se sert aussi de
barres courbes, réunies en fer à cheval.
Cette forme est celle que l'on donne communément aux barreaux aimantés, quand
on veut rendre sensible l'énergie attrac-
tive; les deux pôles agissant à la fois sur
le fer qu'on leur présente, l'action est double. Un morceau de fer doux, retenu par
ces deux pôles, leur fait une armure à la
fois efficace et simple.

L'aimantation de l'acier varie singu-
lièrement avec sa composition, et surtout
avec sa trempe. L'acier, qui a reçu la
trempe la plus dure, donne les aimants
artificiels les plus forts. Cependant, il est
un point qu'il ne faut pas dépasser : La
trempe peut être telle, que l'acier résiste
aux procédés d'aimantation les plus éner-
giques, ou bien que l'aimentation y
établisse des pôles, non pas seulement aux

extrémités, mais dans la longueur même
du barreau; on voit alors, dans la limaille,
des houppes décroissantes, séparées par
des espaces nus, indiquer que le barreau,
au lieu de deux pôles, en a quatre, et
qu'au lieu d'une ligne moyenne, il en
a trois. Ces pôles intermédiaires prennent,
dans les ouvrages de physique, le nom de
points conséquents.

Nous nous bornerons pour le moment à
ces indications, bien que le champ des
observations magnétiques ait d'autres faits
encore à nous montrer.

Il est un autre instrument, aussi mer-
veilleux que la boussole, d'origine et
d'âge bien différents, qui paraissait n'avoir
aucun rapport avec elle : C'est la *pile*
voltaïque. Cependant la science moderne
les a rapproché; et dans l'aiguille aimantée et mobile, elle a trouvé un organe pour
déceler, prendre sur le fait, saisir au passage, suivre, atteindre et mesurer ces cou-

rants électriques, produits à volonté par la *pile*, mais invisibles, intangibles, impondérables, qui échappent en un mot à tous les sens humains.

FIN.

TABLE

—

FIN DE LA TABLE.

Limoges. — Imp. E. Ardant et Cⁱᵉ.

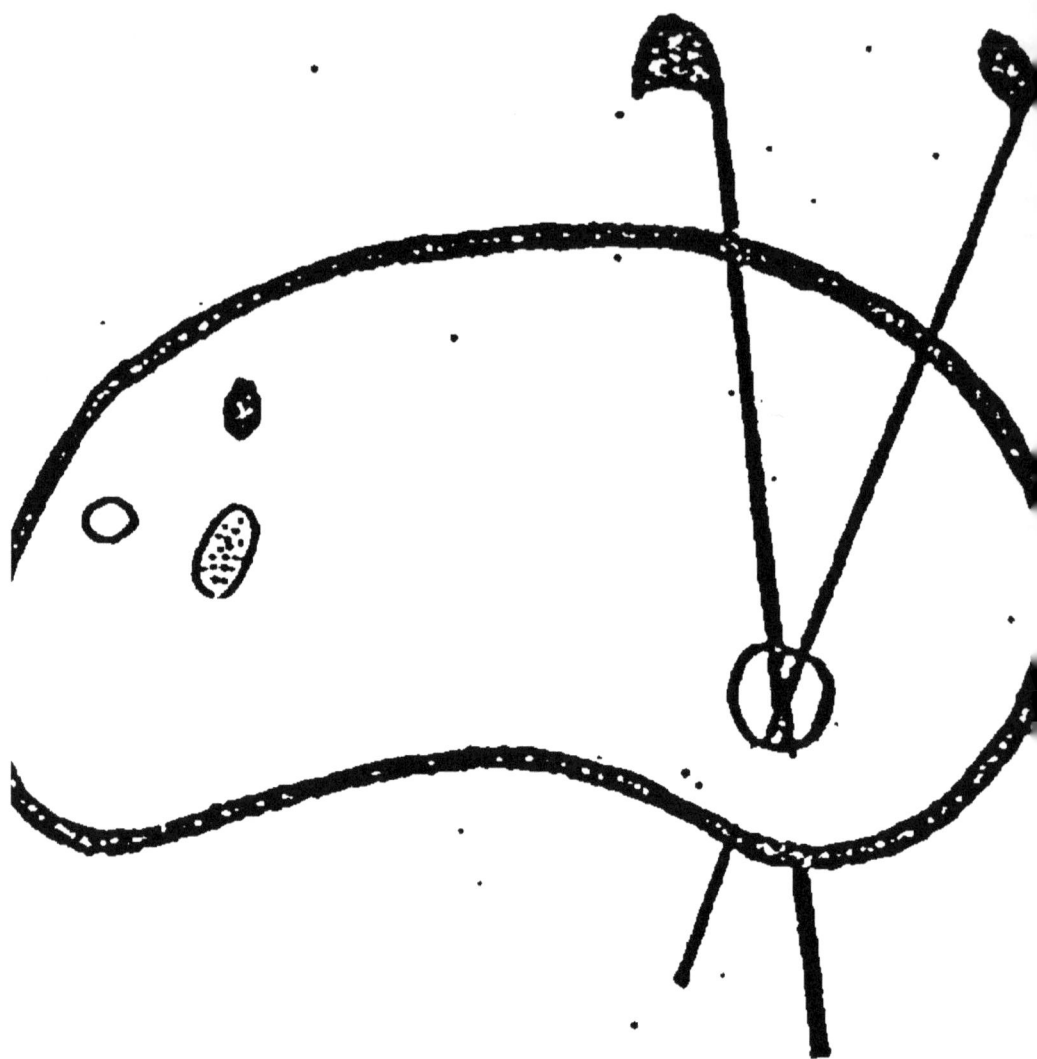

ORIGINAL EN COULEUR
NF Z 43-120-8

www.ingramcontent.com/pod-product-compliance
Lightning Source LLC
Chambersburg PA
CBHW071146200326
41519CB00018B/5134